江苏省湖泊水生态系列丛书

BAIMAHU SHUISHENGTAI XITONG

白马湖水生态系统

胡晓东　主编

河海大学出版社
HOHAI UNIVERSITY PRESS
·南京·

图书在版编目(CIP)数据

白马湖水生态系统 / 胡晓东主编. -- 南京 : 河海大学出版社，2023.9

(江苏省湖泊水生态系列丛书)

ISBN 978-7-5630-8229-2

Ⅰ. ①白… Ⅱ. ①胡… Ⅲ. ①湖泊−水环境−生态系−研究−江苏 Ⅳ. ①X832

中国国家版本馆 CIP 数据核字(2023)第 086381 号

书　　名	白马湖水生态系统
书　　号	ISBN 978-7-5630-8229-2
责任编辑	卢蓓蓓
特约校对	李　阳
封面设计	徐娟娟
出版发行	河海大学出版社
地　　址	南京市西康路 1 号(邮编:210098)
网　　址	http://www.hhup.com
电　　话	(025)83737852(总编室) (025)83722833(营销部)
经　　销	江苏省新华发行集团有限公司
排　　版	南京布克文化发展有限公司
印　　刷	江苏凤凰数码印务有限公司
开　　本	718 毫米×1000 毫米　1/16
印　　张	9
字　　数	166 千字
版　　次	2023 年 9 月第 1 版
印　　次	2023 年 9 月第 1 次印刷
定　　价	88.00 元

编委会

主　编：胡晓东

撰稿人：黄　睿　王春美　华学坤

陈文猛　张玉路　张　凯

统　稿：黄　睿

目　录

1 湖泊概况

1.1 地理位置

白马湖地处淮河流域下游，是江苏省十大淡水湖之一，位于淮安市境东南边缘，涉及淮安市金湖县、洪泽区、淮安区和扬州市宝应县(图 1.1)。

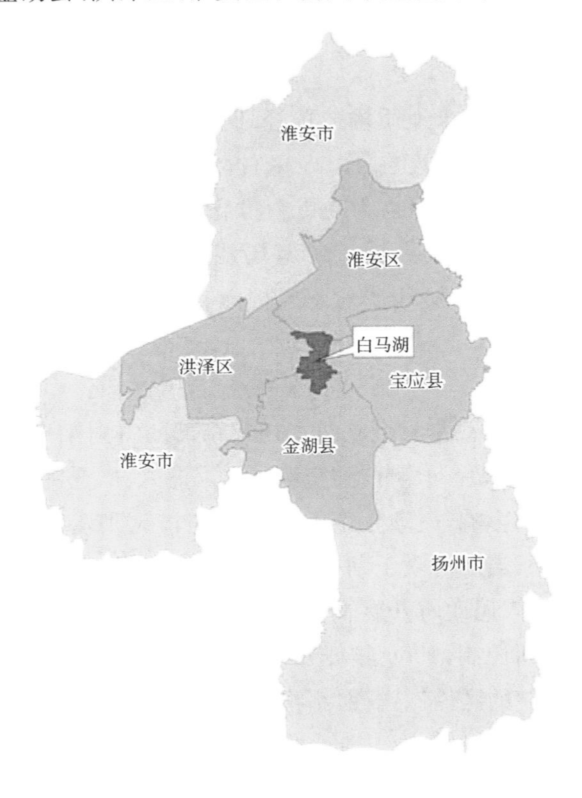

图 1.1 白马湖地理位置参证图

1.2 自然地理概况

1.2.1 地质地貌

白马湖为一洼地，湖底高程一般在 5.0～5.5 m[①](参照 1985 国家高程基准，下同)。白马湖地区地形总的趋势是西北高东南低，北部为淮安渠南运西灌区，地势由西北部高程 7.50 m 向东南缓降至 6.00 m；东、南部为沿湖洼地圩区，地面高程一般在 6.0 m 左右；西部主要为洪泽区周桥灌区全部及洪金灌区的一部分，地势较为平坦，西高东低，地面高程由洪泽湖边 10.50 m 左右降至白马湖边 6.00 m 左右。

白马湖地区处于里下河浅洼平原区，地貌类型属古泻湖堆积的滨湖堆积平原及湖滩地，地势低洼，较为平坦，地形总体趋势西北高东南低，地面高程一般在 5～10 m。

白马湖地区处于苏北，地质构造单径划分中属洪泽凹区，由中生代晚期燕山运动产生断裂带地面，高度在 10 m 左右；地面覆盖物为全新世河湖相沉积物，厚达 3～5 m；其下伏沉积物为晚更新世含铁锰的黄土；区域土层自下而上为填土、黏土、粉土、黏土四层，共 11 m，场地土层均匀稳定，类型上属中硬度场地土，场地土类别为Ⅱ类，属于对建筑抗震有力地段，工程地质性质良好。

1.2.2 历史演变

白马湖为平原浅水型湖泊。成湖之初与东部的古射阳湖有联系，曾为东汉时邗沟故道。黄河夺淮后，承泄黄淮交汇洪水入海入江，受泥沙的长期淤积和人类活动(运河开凿)的影响，逐渐分化为运西的一个小湖荡。黄河北徙后，上游客水减少，湖水位渐降，当地群众于湖中筑圩兴垦，与水争地，湖面逐渐缩小。中华人民共和国成立后，人民政府开展了大规模的水利建设，1952 年兴建了三河闸，使淮河洪水初步得到控制，1956 年修筑白马湖隔堤将白马湖与宝应湖分离，使白马湖成为一个独立的区域性内湖，不再受淮河洪水侵入，主要滞蓄区域涝水。

随着白马湖隔堤的修筑，白马湖水位有所下降且比较稳定，沿湖周边的浅滩逐渐又被围垦或辟为鱼塘。20 世纪 70 年代局部(主要在西岸)又进一步向湖区

---

① 全书因四舍五入，数据存在一定偏差。

围垦，至80年代初基本形成了现状的白马湖堤防，至今基本没有变化。经与20世纪60年代末期(1969年)1/50 000地形图比较，在西北部、西南部和东南部局部有8处围垦变化，是20世纪70年代围垦的结果。大面积的围垦和圈圩养殖、种植，使得白马湖的湖面进一步缩小，面积由中华人民共和国成立初约150 km^2减少到现状的113.4 km^2，正常蓄水面积缩减至42.1 km^2左右。湖中有大小不等的土墩近百个，大者四五百平方米，小者仅数十平方米，是白马湖隔堤未筑之前，湖区农、渔民遗留至今的居民点。同时湖区也存在围垦现象，有相当规模的村庄数十处，人们在其中围圩种植、养殖、居住。

随着淮安市白马湖退圩还湖工程的实施，淮安市境内围网养殖已基本清退，白马湖自由水面恢复到73.19 km^2，大大提高了湖泊自由水面滞蓄涝水的能力。

1.2.3 水文气象

1. 气候条件

白马湖所在区域属北亚热带湿润季风气候区。具有四季分明，冬夏长、春秋短，雨热同季，日照充足，雨量充沛，霜期不长，灾害性天气较多等特点。春季气温变幅大，冷暖多变，阴湿多雨；秋季天高气爽，气候温和，雨量渐少，昼夜温差大，偶有台风影响；冬季频繁受北方冷空气影响，盛行北到西北风，气候寒冷干燥；夏季多受副热带高压控制盛行东到东南风，气候炎热多雨。

淮河流域暴雨天气系统大概可归纳为台风(包括台风倒槽)、涡切变、南北向切变和冷式切变，以前两种居多。在雨季前期，主要是涡切变型，后期则有台风参与。大范围持久性降水多由切变线和低涡接连出现而形成。每年夏初的6、7月份，南方的暖空气与北方的冷空气交锋于江淮中下游地区，形成持久性大范围的降雨天气，被称为梅雨，梅雨期长短、雨量多少，基本上决定了当年全区的旱涝情势。梅雨期结束后转入盛夏，淮河流域常有台风影响，并伴随暴雨，易造成洪涝灾害。

区域内多年平均气温14.8℃，极端最高气温39.8℃，极端最低气温−17.5℃，0℃以上积温5 333℃。年平均无霜期298 d，最多322 d，最少269 d。年平均日照2 297 h，最多2 845 h，最少2 078 h。

2. 水文特征(表1.1)

白马湖南北长17.8 km，东西平均宽6.4 km，总面积113.4 km^2，是江苏省十大湖泊之一。湖底高程一般在5.0～5.5 m。白马湖设计死水位5.70 m，正常蓄水位6.50 m，现状正常蓄水面积42.1 km^2，相应库容5 473万m^3，兴利库容

3 368万 m^3；排涝水位 7.50 m，现状相应库容 8 399 万 m^3；防洪水位 8.00 m，现状相应蓄水面积 79.9 km^2，相应库容 14 467 万 m^3，防洪库容 8 994 万 m^3。白马湖多年平均水位为 6.56 m，历史最高水位 8.16 m，历史最低水位 5.42 m。

白马湖地区降水量年内分配极不均匀，暴雨主要集中发生在 6—9 月，特别是7、8 月份。多年平均年降雨量 961.7 mm，最大 1 677.0 mm，最小 417.0 mm。汛期(6—9 月份)多年平均降雨量 631.7 mm，最大 1 320.0 mm，最小 259.0 mm。多年最大一日平均降雨量 196.7 mm，最大三日平均降雨量 304.7 mm，最大七日平均降雨量 403.0 mm。

年蒸发量在 1 177.0～1 594.0 mm，平均 1 415.0 mm。各年内，6 月份蒸发量最大，多年平均 269.0 mm；1 月份蒸发量最小，多年平均 29.2 mm。除 7 月份外，全年各月蒸发量均大于月降水量。

表 1.1　白马湖水文特征表

序号	名称	水位(m)	相应库容(万 m^3)
1	死水位	5.70	5 473
2	正常蓄水位	6.50	8 399
3	设计洪水位	8.00	14 467
4	历史最高水位	8.16	
5	历史最低水位	5.42	

注：高程系采用 1985 国家高程基准。

1.2.4　出入湖水系

白马湖处于淮河流域和长江流域的交界地区，历史上是淮河入江的行洪通道之一，20 世纪 60 年代建设了白马湖隔堤、入江水道金沟改道段、三河拦河坝及大汕子隔堤，实现了洪涝分治，白马湖也成为内湖，不再行洪，而由三河、入江水道改道段直接排入高邮湖。

白马湖地区外部依托流域性河湖，内部依托骨干水系串通、河湖相联、江淮调控的治理措施和手段，具备了一定的防洪、排涝和供水等能力。白马湖为淮安市洪泽区、淮安区和扬州市宝应县运西地区的主要承泄区，汛期排涝主要依靠淮安一、二站抽排入总渠，北运西闸伺机抢排入里运河等。湖泊周边主要水利工程有洪泽湖、淮河入江水道，苏北灌溉总渠，淮河入海水道，淮安枢纽，北运西闸，镇湖闸，白马湖补水闸，阮桥闸以及新河、运西河、阮桥河、浔河、花河、草泽河、山阳大沟等通湖河道(图 1.2)。

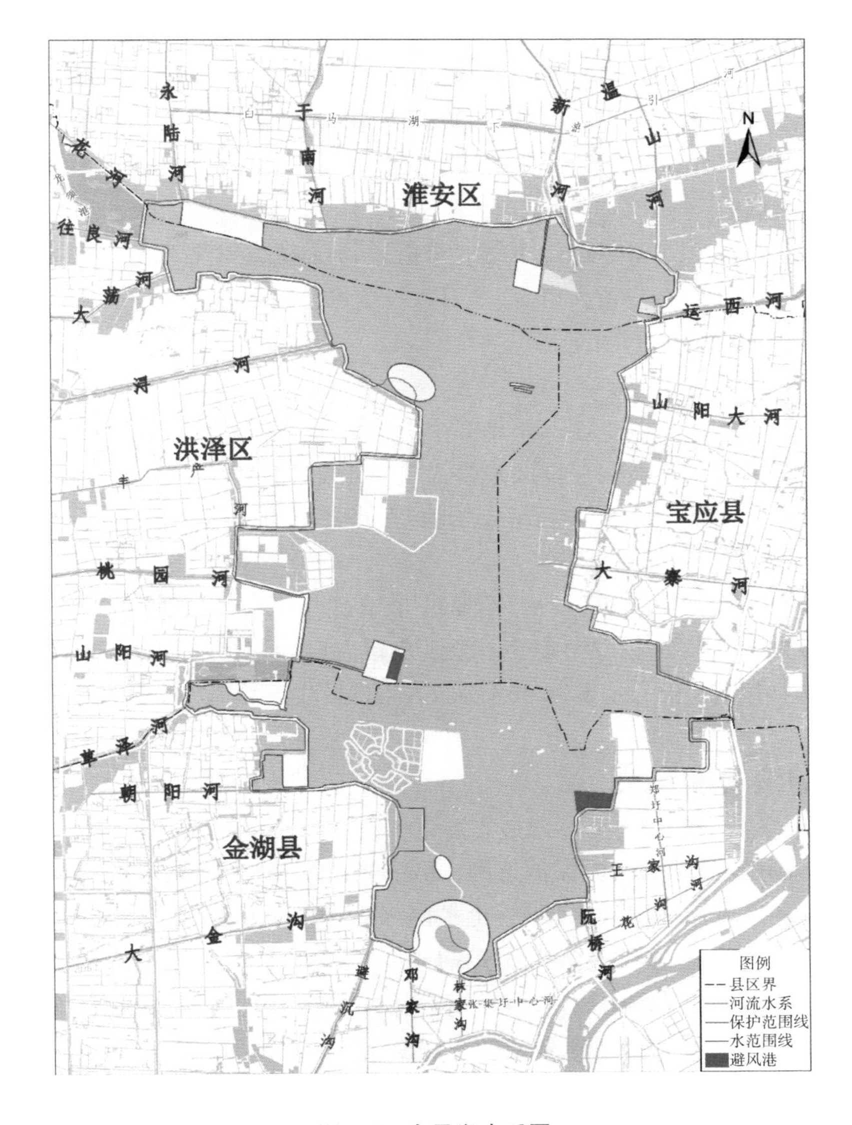

图 1.2　白马湖水系图

1.3　社会经济概况

白马湖涉及淮安市金湖县、洪泽区、淮安区和扬州市宝应县 4 个县(区)，截至本书完成撰稿，沿湖行政区域内的社会经济情况如下：

1. 金湖县

金湖县总面积 1 393.86 km^2，下辖 3 个街道、5 个镇，共有 118 个村委会、30 个居委会。全县总户数 12.4 万户，户籍人口 34.9 万人。全县地区生产总值 296.29 亿元，人均地区生产总值 89 110 元。

2. 洪泽区

洪泽区总面积 1 394 km^2，下辖 3 个街道、6 个镇、1 个省级经济开发区。全区总户数 11.6 万户，户籍人口 36.8 万人。全区地区生产总值 312.81 亿元，人均地区生产总值 94 306 元。

3. 淮安区

淮安区总面积 1 452 km^2，下辖 3 个街道、12 个镇，另辖白马湖农场、经济开发区和淮安新材料产业园。全区户籍人口 114.90 万人，常住人口 94.95 万人。全区地区生产总值 546.92 亿元，人均地区生产总值为 57 629 元。

4. 宝应县

宝应县总面积为 1 467 km^2，下辖 14 个镇、1 个省级经济开发区、1 个省级有机农业开发区、282 个村(居)委会。全县户籍人口 88.76 万人，常住人口 75.90 万人。全县地区生产总值 630.46 亿元，人均地区生产总值为 83 032 元。

1.4 湖泊功能定位

白马湖是《江苏省湖泊保护条例》规定的省管湖泊之一，是淮河流域下游高宝湖地区的区域性草型浅水湖泊，也是南水北调的过境湖泊，集滞涝、供水、生态、文化景观、养殖、旅游等多功能于一体。按照公益性功能优先、开发性功能服从公益性功能保护要求的原则，白马湖主要功能为滞涝、供水、生态、文化景观等公益性功能，次要功能是养殖和旅游等开发性功能。

1.4.1 公益性功能

1. 滞涝功能

白马湖地区地形特殊，洪涝之时往往四周都有高水包围，区域涝水主要靠淮安一、二站抽排。白马湖是区域涝水的汇集和调蓄之地，区域面上降雨径流通过排涝河道排泄入湖，沿湖周边洼地涝水通过抽排入湖，经过白马湖调蓄后通过新河抽排入灌溉总渠。

2. 供水功能

白马湖是南水北调的过境湖泊，是淮安市备用水源地所在，与南水北调、苏北供水之间关系密切，同时还负责湖区及其周边农业、渔业用水。

3. 生态功能

作为一个区域性湖泊，白马湖本身就是一个生态系统，在净化水质、提供水生动植物及鸟类栖息地、维护生物多样性、改善区域环境等多方面发挥着无可替代的作用。

4. 文化景观功能

白马湖区位条件优越，湖泊文化底蕴深厚，白马湖水文化遗产主要有南闸福公堤、白马湖渔家宴、白马湖打夯号子、土城-人城-鬼城遗址等。白马湖水景观元素主要有白马湖自然湿地、朝阳河大桥、王骆殿岛、堆头集岛、桃花岛及兄弟岛等。目前白马湖已创建白马湖国家湿地公园、白马湖生态旅游景区、省级水利风景区等。

1.4.2 开发性功能

1. 养殖功能

白马湖水生动植物资源丰富，水位、水质相对较为稳定，有利于渔业生产。多年来，白马湖的渔业养殖开发经济效益显著，为当地的经济社会发展做出了巨大贡献。

2. 旅游功能

白马湖地处洪泽湖下游，人文古迹、自然景观较多，地理位置优越，气候宜人，旅游、休闲等资源开发有良好前景。

1.5 资源开发利用情况

白马湖为国家级重要湿地，动植物资源丰富。根据《江苏省生态空间管控区域规划》，白马湖涉及渔业资源保护和湿地生态系统保护两类生态空间保护区域类型、6 个生态空间保护区域，包括 1 个渔业资源、4 个重要湿地、1 个湿地公园保护区域。

根据《江苏省白马湖保护规划》资料，白马湖水资源、岸线资源、水域资源以及相关重要基础设施如下：

(1) 白马湖水资源主要用于饮用水源和农业用水，其中生活取水口 1 个，为淮安市白马湖南闸取水口，位于白马湖东湖区渔民村东闸口向东 100 m，取水规模 20 万 m^3/d,设计最大取水流量 2.31 m^3/s,年取水量 0.73 亿 m^3;农业取水口 23 处,总流量 17.4 m^3/s,年取水量 0.40 亿 m^3。

(2) 白马湖岸线开发利用项目主要包括水闸、泵站等水利工程,桥梁、码头等涉水工程以及文化景观、居民房屋等。统计至 2020 年 12 月,白马湖岸线总长 80 952 m,其中生产岸线长 10.78 km,占比 13.32%;生活岸线 21.79 km,占比 26.92%;生态岸线 48.38 km,占比 59.76%。"三生岸线"比例(生产岸线、生活岸线、生态岸线占岸线总长度的比值)为 13∶27∶60,这一实际调研结果在白马湖的保护规划中被用作基准年要求。详见表 1.2。

表 1.2 白马湖岸线利用("三生岸线")统计表

类型	淮安区		洪泽区		金湖县		宝应县		小计	
	长度(m)	占比(%)	长度(m)	占比(%)	长度(m)	占比(%)	长度(m)	占比(%)	长度(m)	占比(%)
生产岸线	1 807	2.23%	4 294	5.30%	3 185	3.93%	1 497	1.85%	10 784	13.32%
生活岸线	3 275	4.05%	616	0.76%	7 869	9.72%	10 029	12.39%	21 789	26.92%
生态岸线	8 231	10.17%	17 908	22.12%	20 638	25.49%	1 604	1.98%	48 380	59.76%
合计	13 312	16.44%	22 818	28.19%	31 692	39.15%	13 130	16.22%	80 952	100%

注:数据来源为《江苏省白马湖保护规划》。

(3) 白马湖水域未利用水面面积 73.19 km^2,湖区开发利用面积40.88 km^2,开发利用率为 35.84%。其中淮安市白马湖开发利用面积 22.52 km^2,包括圈圩养殖面积 8.45 km^2,圈圩种植面积 3.44 km^2,堤防、道路及村庄房屋等其他用地面积 7.24 km^2,退圩还湖工程临时堆土区面积 3.00 km^2,围网养殖面积 0.39 km^2;宝应县白马湖开发利用面积 18.36 km^2,包括圈圩养殖面积 8.65 km^2,圈圩种植面积 1.52 km^2,堤防、道路及村庄房屋等其他用地面积 1.76 km^2,围网养殖面积 6.43 km^2。详见表 1.3。

表 1.3 白马湖湖区现状利用情况表

序号	行政区划	圈圩面积(km^2)					围网养殖(km^2)	未利用水面(km^2)	合计(km^2)
		养殖	种植	堤防、道路及村庄房屋等其他用地	退圩还湖工程临时堆土区	小计			
1	宝应县	8.65	1.52	1.76	—	11.93	6.43	2.34	20.70
2	淮安市	8.45	3.44	7.24	3.00	22.13	0.39	70.85	93.37
合计		17.10	4.96	9.00	3.00	34.06	6.82	73.19	114.07

注:数据来源为《江苏省白马湖保护规划》。

（4）白马湖重要基础设施主要包括湖泊堤防、镇湖闸、白马湖补水闸等涉湖重要水利工程，白马湖大道、白马湖环湖路及其配套桥梁等重要交通设施以及重要的通信、电力及管道等设施。

2 湖泊水环境特征

2.1 水文特征

2.1.1 降水量

白马湖湖区年均降水量 1 311.7 mm。汛期 5—9 月份雨量 1 048.8 mm，占全年值的 80.0%，其他月份降水量较低。总体上，白马湖湖区降水量呈现出夏季高、冬春低的特征(图 2.1)。

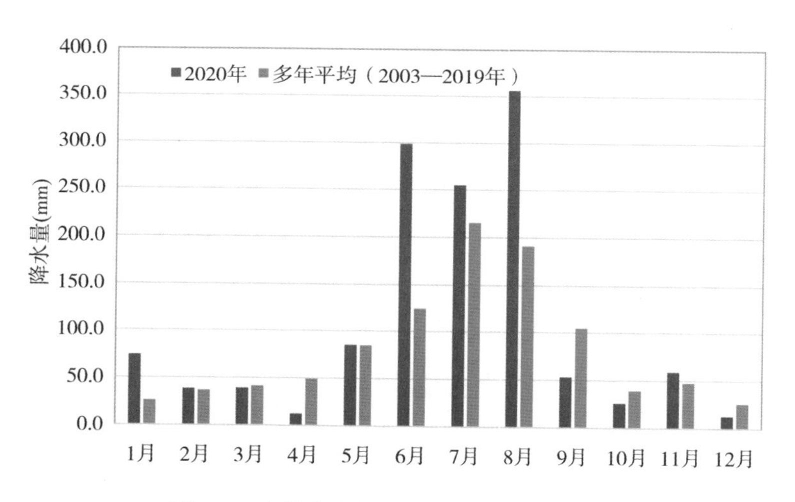

图 2.1　白马湖多年平均降水量的月际变化

2.1.2 湖区水位

通过山阳站水位反映整个湖区的水位变化特征。据山阳站水位统计，白马湖多年平均水位 6.72 m；年最高水位 7.37 m，一般出现在 8 月份；年最低水位

5.76 m，一般出现在 6 月份；年内水位最大变幅 1.61 m，详见图 2.2 和图 2.3。一般来说，受调度、用水等共同影响，春季至夏季期间，山阳站水位持续下降，至 6 月份出现年最低水位；随着梅雨季节的到来，山阳站水位在入梅后不久开始回升，由于梅雨期长，梅雨量大，形成旱涝急转，白马湖水位不断上涨。后续水位变化为运西闸调控白马湖水位。

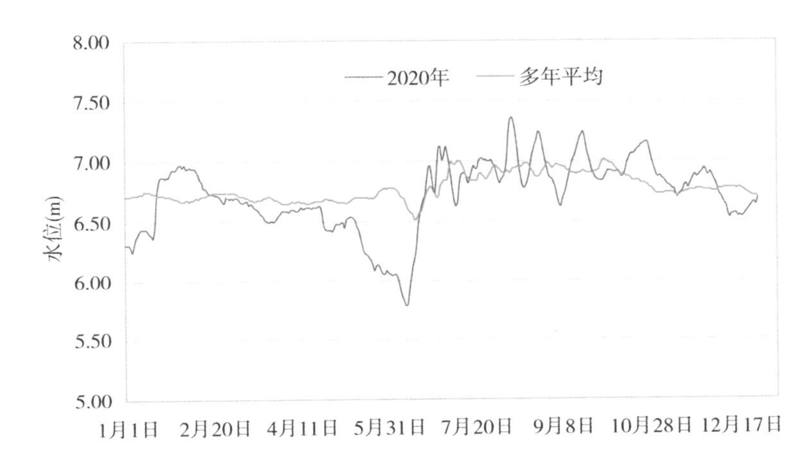

图 2.2　白马湖多年日均水位变化

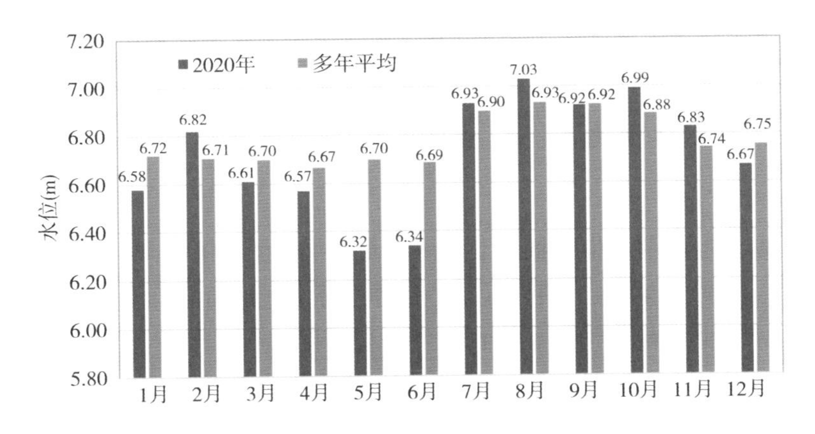

图 2.3　白马湖多年月均水位变化

2.1.3　出入湖流量

白马湖多年入湖水量 14.260 亿 m^3，出湖水量 13.980 亿 m^3。区间来水是白马湖入湖水量的主要来源，其次是运西河调水。一般来说，为调节控制白马湖水位，运西闸开闸放水持续半年以上时间，出湖水量占总出水量的50%以上；新河镇湖闸出湖水量约占总出湖水量的41.0%(表2.1)。

表2.1　白马湖主要控制站出入湖水量统计表

入湖			出湖		
序号	河道名称	水量(亿 m^3)	序号	河道名称	水量(亿 m^2)
1	花河	1.437 1	1	运西河	7.285 5
2	浔河	4.336 1	2	新河	5.732 7
3	草泽河	3.433 6	3	阮桥河	0.443 7
4	运西河	4.214 5	4	蒸发渗漏损失	0.517 8
5	湖区降雨径流	0.838 7			
合计		14.260	合计		13.980

2.2　水体理化特征

水体理化特征由水深、水温、透明度、浊度、电导率、矿化度、pH、溶解氧、叶绿素含量、高锰酸盐指数、氨氮、总磷、总氮等参数反映，其中浊度、电导率、矿化度、pH、溶解氧、叶绿素a(Chla)等数据来源于EXO型多参数水质分析仪(美国，YSI公司)的原位测定结果；实验室测定高锰酸盐指数、氨氮、总磷、总氮。监测方法参照江苏省地方标准《湖泊水生态监测规范》(DB 32/T 3202—2017)进行。

2.2.1　湖区水体理化

1. 水深

白马湖为运西湖群中位置最北的一个湖泊，湖盆浅碟形，人工湖岸，岸线规则，湖底平坦，淤泥深厚。一般来说，冬春季水量补给不足，工农业用水量大，湖区易出现相对低水位的情况。根据现场的监测结果(图2.4)，2021年白马湖的春季、冬季水深较低，但单因素方差检验证明夏季的水深要显著低于其他季节(单因素方差检验：$P<0.05$)，而秋季的水深要显著高于其他季节[①]。这表明白马湖夏季的用水需求较大。

而在空间格局上，白马湖北部湖区的水深显著高于南部湖区的(Moran空间自相关性显著：$P<0.001$)。但这其中，BMH-02和BMH-11这两个监测位点

① 如未特别标注，年内数据均为2021年数据。

的水深要明显更高，一方面是由于这两个位置近年来进行了较大范围的围网清退、底泥清理，水深变深；另一方面是由于白马湖上的监测点位有不少(BMH－06 至 BMH－09)都在圈圩、围网等非开阔自由水面上，相对静水条件沉降加重，水深变浅。这一特征也在往年数据中得到验证。

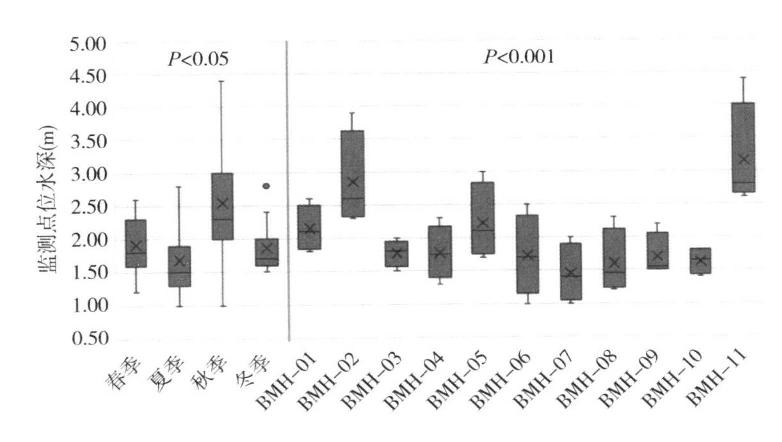

图 2.4　白马湖湖区监测点的水深时空变化

2. 水体温度

白马湖是浅水湖泊，受气温的长期影响，水温有着相应的变化过程，因此白马湖的水温在夏季要显著高于其他季节(图 2.5，单因素方差检验：$P<0.001$)。其中，最高温出现在夏季湖区中部的 BMH－05 点位上，为 31.09℃；最低温出现在冬季湖区中部的 BMH－06 点位上，为 4.94℃。全年均温为18.14℃。从各监测点来看，白马湖湖区水温的空间差异不大(Moran 空间自相关性检验为不显著)。

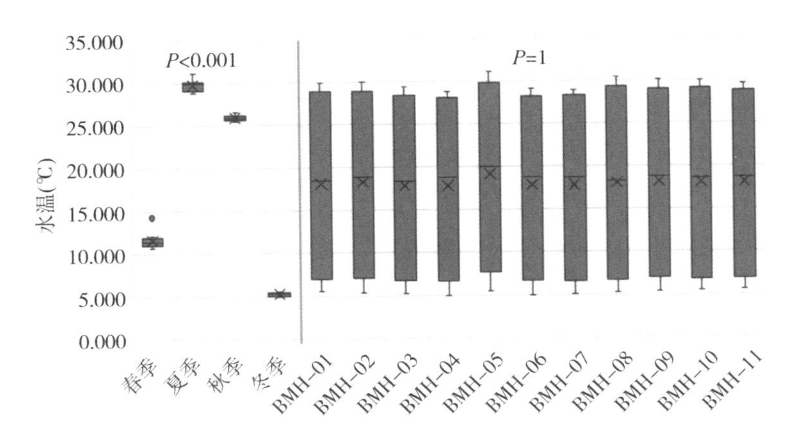

图 2.5　白马湖湖区监测点的水温时空变化

3. 水体透明度

白马湖水体透明度的时空变化特别显著(图 2.6,单因素方差检验和 Moran 空间自相关性检验均显示 $P<0.05$)。水体的平均透明度为 60.0 cm,其中夏季和秋季的水体透明度要显著低于春季和冬季的,北部湖区(BMH－01 至 BMH－04)的水体透明度要显著低于南部湖区(BMH－10 和 BMH－11)的。

水中悬浮物质和浮游生物的含量对水体的透明度影响巨大。悬浮物质和浮游生物含量越高,透明度则越小;反之,悬浮物质和浮游生物的含量越少,则湖水透明度越大。相对来说,夏季和秋季浮游生物大量繁殖,水体的透明度就呈现出较低的特征。而北部湖区水体透明度低于南部湖区的主要原因,可能是白马湖南北的开发利用与治理程度不同,水体中悬浮物质和浮游生物含量产生了空间上的差异。

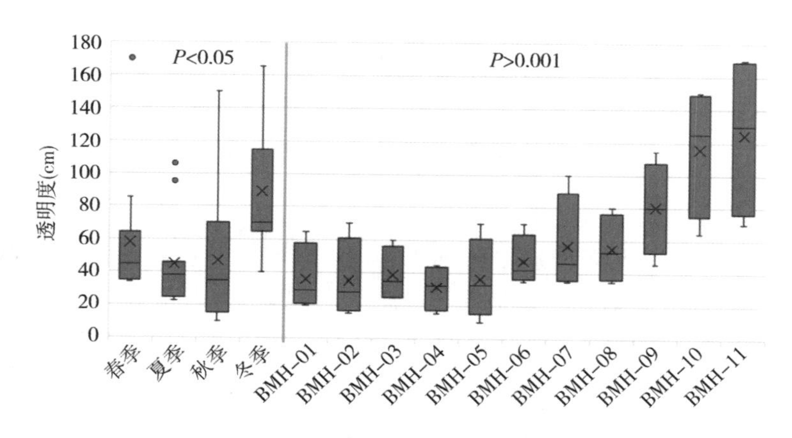

图 2.6　白马湖湖区监测点的水体透明度时空变化

4. 水体酸碱度

白马湖的水体 pH 范围在 7.22～8.80,均值为 8.18(图 2.7),不同季节之间的水体 pH 差异显著(单因素方差检验:$P<0.001$),但在空间上各个监测位点的水体 pH 差异不大。特别是夏季和秋季的各个监测位点的 pH 变化幅度剧烈,而这两个季节之间也出现了剧烈的波动。

研究显示,藻类的光合作用会显著影响水体中的氧气与二氧化碳含量,进而导致水体中游离的 HCO_3^- 离子变化,从而影响水体酸碱度。白马湖春夏水草、藻类繁盛,秋季开始大量死亡,是影响水体 pH 的可能原因。

5. 水体溶解氧含量

白马湖水体中的溶解氧含量呈现出与 pH 相似的时空变化特征。白马湖的

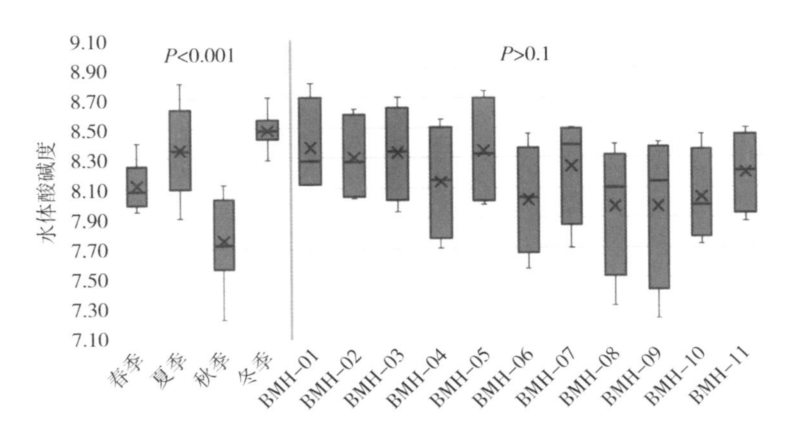

图 2.7　白马湖湖区监测点的水体酸碱度时空变化

水体溶解氧分布在 4.01～14.08 mg/L 范围中，均值为 9.88 mg/L。从图 2.8 中可以看出，夏季和秋季的水体溶解氧要显著低于春季和冬季的（单因素方差检验：$P<0.001$），但各个监测位点之间的差异并不显著。此外，夏季和秋季的各个监测位点的溶解氧变幅很大。

影响溶解氧含量的主要因素是温度。氧气在水中溶解度和其他气体一样，常随温度升高而降低，一年内夏季水温最高，湖水溶解氧含量则相应降低，而冬季则与此相反；此外，水体中的植物（如水生高等植物和藻类）在夏季大量生长的同时，也会改变水体中的氧气含量，特别是在白昼增加溶氧量，在夜间降低溶氧量。而藻类的凋亡、有机物的分解则会消耗氧气，使溶解氧含量下降。这很可能是导致夏秋季节溶解氧含量变化的主要原因。

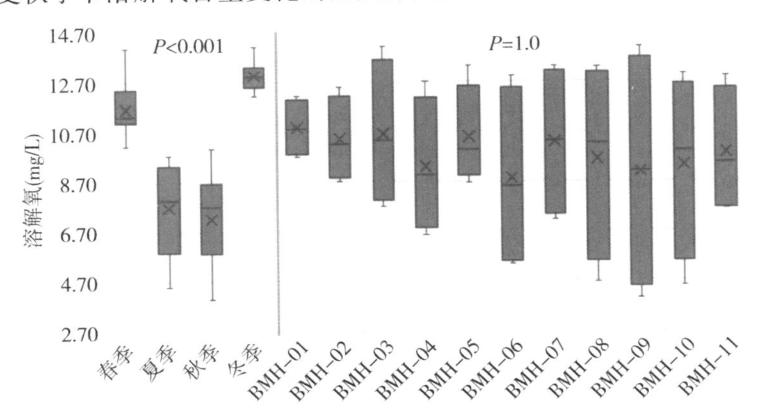

图 2.8　白马湖湖区监测点的水体溶解氧时空变化

6. 水体电导率

白马湖的水体电导率范围在 216.5～704.7 μS/cm，均值为 473.9 μS/cm。从图 2.9 中可以看出，电导率的时空变化特征与水体温度类似，即不同季节之间的差异显著（单因素方差检验：$P<0.001$），但在不同监测位点之间的差异不显著。而夏季的水体电导率要显著高于其他季节的，春季和冬季的要相对较低。

水体电导率反映的是水体中离子浓度的变化特征，这些离子包括氯化物，溶解盐，碳酸盐化合物，硫化物和碱。但这些离子浓度的变化很大程度上受到水温的控制，因此电导率的时空变化呈现出与水温相一致的特征。

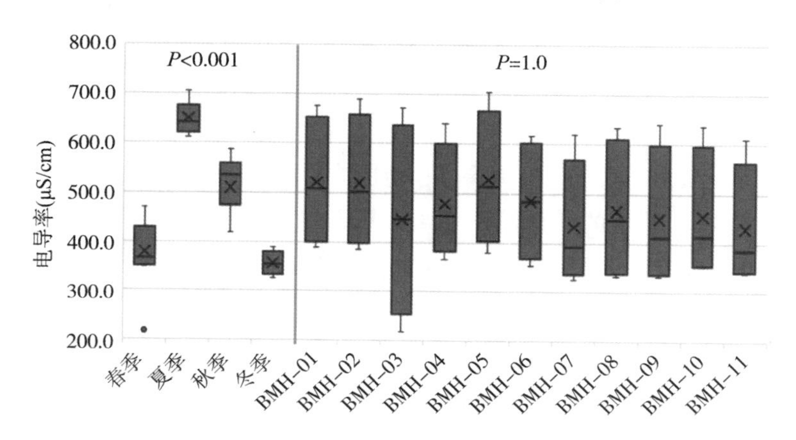

图 2.9 白马湖湖区监测点的水体电导率时空变化

7. 水体矿化度（总溶解性固体含量）

白马湖的水体矿化度在 190～411 mg/L 范围之间，均值为 353 mg/L。从图 2.10 中看出，白马湖的水体矿化度在不同季节之间的差异显著（单因素方差检验：$P<0.001$），但在不同监测位点之间的差异不显著。尽管如此，北部湖区的水体矿化度要略高于南部湖区的。

水体矿化度通过水体中的总溶解性固体（Total Dissolved Solids，TDS）来衡量，它是溶解在水里的无机盐和有机物的总称。而这其中，钙、镁、钠、钾离子，碳酸根离子，碳酸氢根离子，氯离子，硫酸根离子和硝酸根离子是最主要的离子成分，这些金属与酸根离子也是下水道、城市和农业污水以及工业废水中的主要组成部分。因此，北部湖区的的水体矿化度略高于南部湖区，很可能是由于白马湖北部湖区受到更多的面源污染的影响。

8. 水体浊度

白马湖的水体浊度分布在 1.70～47.28 NTU 范围之间，均值为 14.25 NTU。

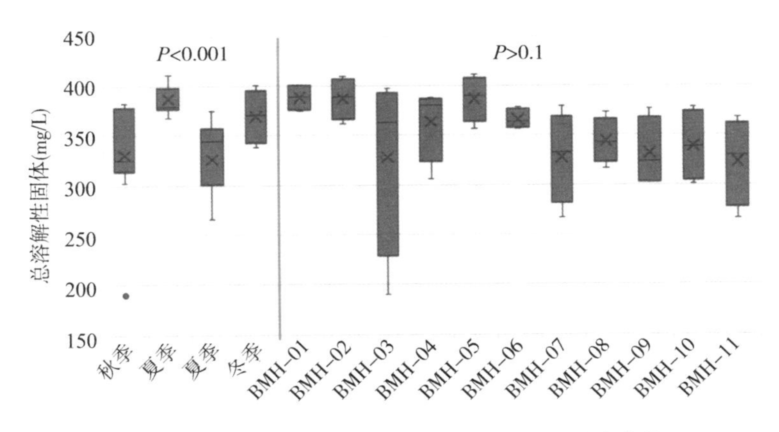

图 2.10　白马湖湖区监测点的水体矿化度时空变化

方差检验的显著性结果(见图 2.11)显示:夏季和秋季的水体浊度要显著高于春季和冬季的(单因素方差检验:$P<0.05$),北部(BMH－01 至 BMH－04)湖区的水体浊度要显著高于中部(BMH－06 至 BMH－09)和南部(BMH－10 至 BMH－11)湖区的(Moran 空间自相关性检验 $P<0.01$),且夏季和秋季北部湖区的水体浊度的时空变异程度要明显高于其他组的(即:组内方差更高)。

浊度体现的是水中悬浮物对光线透过时所发生的阻碍程度。一般来说,水中的不溶解物质愈多,浊度愈高。因此,大致可以看出,在时间上,夏季和秋季水体中的不溶解物质较多;在空间上,北部湖区水体中的不溶解物质较多。这是因为夏秋季节水生生物活跃,水体中的代谢物、颗粒物较多;而北部湖区的开发利用程度较高,人为影响下会增加水体中的不溶解物质,导致水体浊度增大。

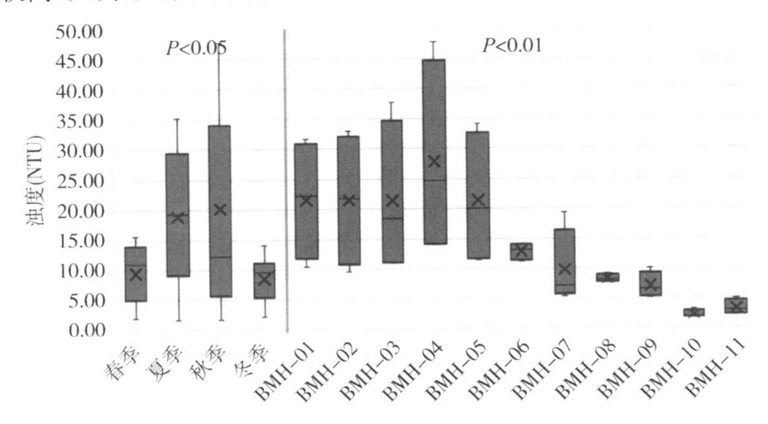

图 2.11　白马湖湖区监测点的水体浊度时空变化

9. 水体叶绿素 a 含量

白马湖的水体中叶绿素 a 含量分布范围为 1.14～35.82 μg/L，均值为 13.73 μg/L。从图 2.12 中可以看出，夏季的叶绿素 a 含量要显著高于其他季节的，春季的叶绿素 a 含量则显著偏低（单因素方差检验：$P<0.001$）。在空间上，不同湖区之间的水体叶绿素 a 含量差异并不明显，但南部（BMH－10 至 BMH－11）湖区的水体叶绿素 a 含量整体上要低于其他湖区的。

水体中叶绿素 a 含量反映的是水体的初级生产力，数值越高代表初级生产力越高。由此可见，夏季的白马湖初级生产力要高于其他季节，这也符合正常理解。而南部湖区在清淤、退圩之后，存在较为开阔的水面，藻类、水生高等植物等生物量相对较少，自然其初级生产力水平也较低。

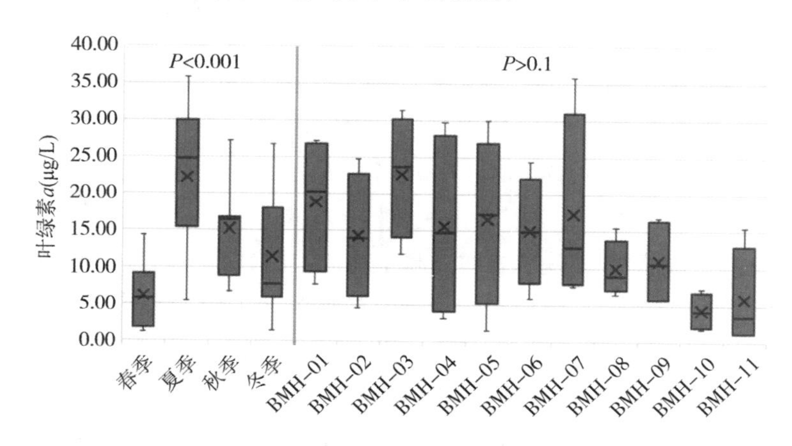

图 2.12　白马湖湖区监测点的水体叶绿素 a 时空变化

10. 湖区水体营养盐浓度

白马湖的水体高锰酸盐指数（COD_{Mn}）介于 3.0～8.1 mg/L 之间，均值为 5.0 mg/L。参照《地表水环境质量标准》（GB 3838—2002），整体上处于Ⅲ～Ⅳ类水水平（图 2.13）。其中，不同季节之间的水体高锰酸盐指数差异明显（单因素方差检验：$P<0.001$），特别是在夏季，水体高锰酸盐指数指数最高，处于Ⅳ类水水平；而在春季较低，处于Ⅱ类水水平。但相对来说，白马湖不同湖区之间的水体高锰酸盐指数差异很小。

高锰酸盐指数主要反映了水体中有机可氧化物质的含量，较低的 COD_{Mn} 数值代表了水体有机污染物含量较低。因此，白马湖冬春季节的水体污染较轻，这也符合冬春季节温度低、营养盐污染低的基本判断。

白马湖的水体氨氮浓度分布在 0.157～0.586 mg/L 之间，均值为

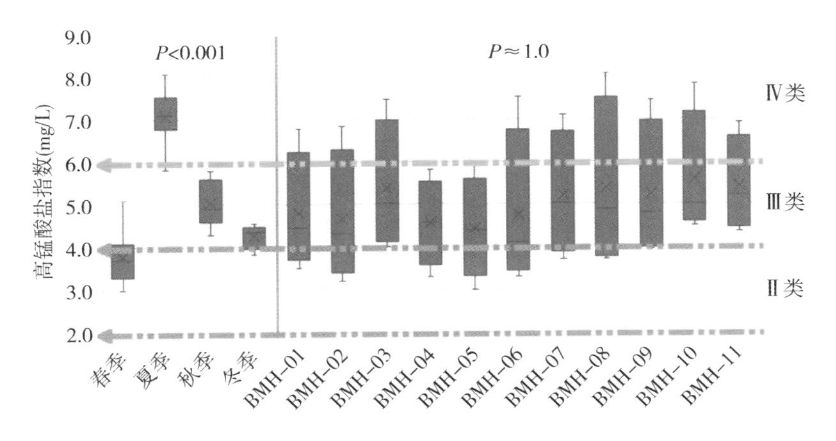

图 2.13　白马湖湖区监测点的水体高锰酸盐指数时空变化

0.324 mg/L，基本上处于Ⅱ类水水平(图 2.14)。显著性检验的结果显示，不同季节、不同湖区的水体氨氮浓度不存在显著性差异。以各个监测季度的均值来看，白马湖春季和冬季的水体氨氮浓度较低，但不同监测位点之间的差异相对较大。

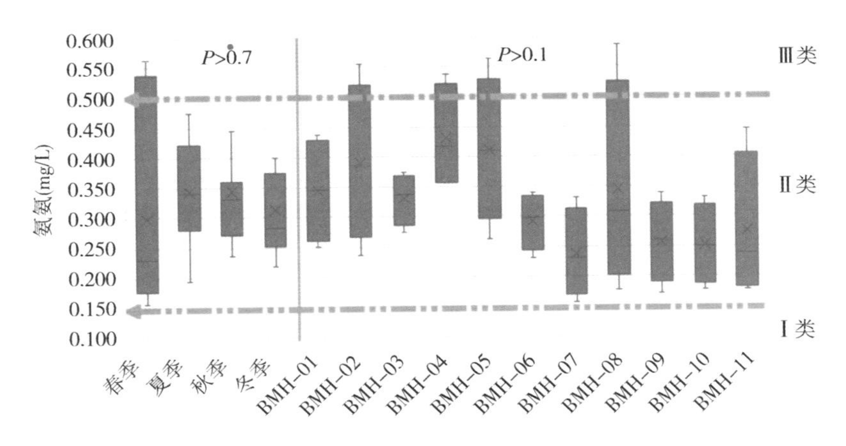

图 2.14　白马湖湖区监测点的水体氨氮浓度时空变化

白马湖的水体总氮浓度分布在 0.58～7.22 mg/L 之间，均值为 2.71 mg/L，很大程度上处于Ⅴ类到劣Ⅴ类水水平(图 2.15)。从图中可以看出，不同季节之间的水体总氮浓度差异显著，其中秋季的总氮浓度最低，但冬季的反而最高，这一监测结果可能是因为在低温、低生产力水平下，水生生物的代谢过程降低，而水体总氮浓度增加预示着白马湖的氮素输入超过了生物消耗过程。另外，生物死亡产生的营养物质分解，释放出更多的氮素营养盐，这就共同导致水体总氮浓度的增加。事实上，不同湖区之间的总氮浓度差异不明显，但均值都很高，基本上处于劣Ⅴ类水水平。

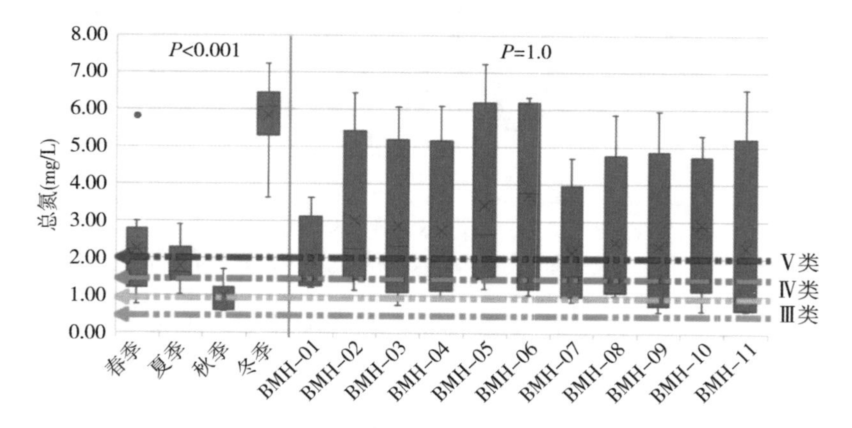

图 2.15　白马湖湖区监测点的水体总氮浓度时空变化

白马湖的水体总磷浓度分布在 0.02～0.63 mg/L 之间，均值为 0.09 mg/L，基本上处于Ⅲ类到Ⅴ类水水平(图 2.16)。显著性检验的结果显示，不同季节、不同湖区的水体总磷浓度不存在显著性差异。但相对来说，夏季和冬季的水体总磷浓度较高，春季的最低。这一结果显示，总氮浓度的时空变化特征与总氮浓度类似，其影响过程也可以通过水生生物的代谢和消亡来解释。

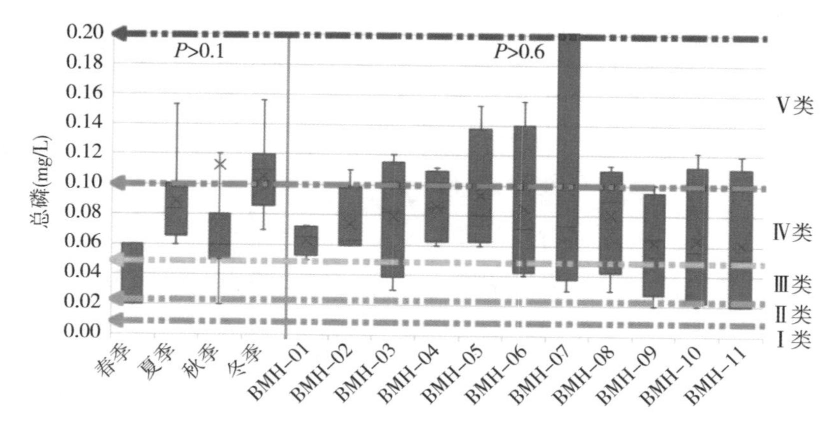

图 2.16　白马湖湖区监测点的水体总磷浓度时空变化

总结白马湖湖区水体的各项营养盐指标，白马湖的主要污染物仍是总氮与总磷，特别是总氮浓度长期居高，各个湖区之间基本均衡，差异很小。相比之下，高锰酸盐指数浓度较低，受季节、温度的影响较大；而氨氮污染最小，处于Ⅰ类～Ⅱ类水的水平。

11. 湖区水体理化指标特征

汇总白马湖湖区水体理化指标，可以看出，各个监测位点之间的水体理化指标存在相似的变化规律，即：①不同季节之间差异显著；②不同湖区之间的差异不明显，但以南北差序格局为主要特征。因此，可通过主成分分析识别出湖区的主要变异性的水体理化指标。结果如图 2.17 所示。

从图中可以看出，主成分分析(PCA)中第一轴和第二轴共同解释了 54.9% 的监测位点数据变异。除去水深、总磷这两个因子外，其他因子在整个的监测过程中都呈现出显著性的变化过程，从而导致各个监测位点（时间和空间尺度上）的差异显著。其中水温、pH、溶解氧、电导率、矿化度(TDS)、叶绿素 a 浓度、总氮等因子对各个监测位点的差异性贡献较高。基于水体理化指标测定结果可知，监测位点在不同季节之间出现相互隔离的趋势，但在不同水功能区之间的隔离趋势不显著。

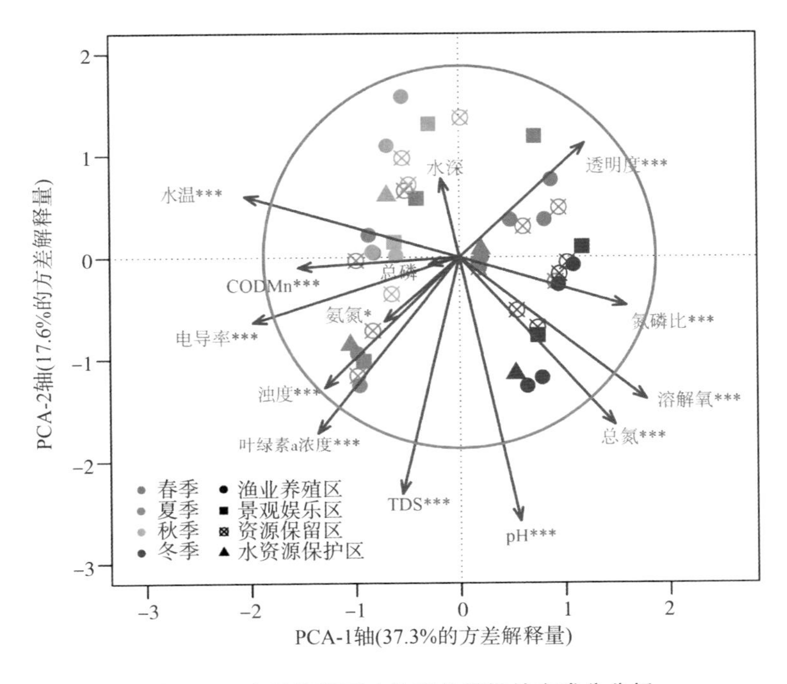

图 2.17　白马湖湖区水体理化指标的主成分分析

因此,考虑到时间尺度上的数据非正态性特征,采用非参的 Kruskal-Wallis 检验对不同季节、不同水功能区之间的水体理化指标差异进行检验,计算结果如表 2.2 所示。从表中可以看出,几乎所有的水体理化指标在不同季节之间差异显著(Kruskal-Wallis 检验,$P<0.05$),但只有水深、透明度、浊度在不同监测位点之间差异显著,也只有水深在不同水功能区之间差异显著。这些分析数据结合主成分分析的结果共同说明:白马湖湖区水体的理化指标主要表现出时间上的差异特征,在空间上、功能利用分区上差异性不大。

表 2.2 白马湖湖区水体理化指标的 Kruskal-Wallis 检验结果

	季节分组		监测位点分组		水功能区分组	
	卡方值	*P* 值	卡方值	*P* 值	卡方值	*P* 值
透明度(cm)	11.12	0.011 1	24.30	0.006 8	3.03	0.387 6
水深(m)	9.18	0.027 0	23.99	0.007 6	16.33	0.001 0
水温(℃)	40.33	0.000 0	0.62	1.000 0	0.14	0.986 1
pH	26.69	0.000 0	6.50	0.771 7	0.28	0.963 3
溶解氧含量(mg/L)	34.67	0.000 0	1.57	0.9987	0.26	0.967 4
电导率(μS/cm)	35.42	0.000 0	4.82	0.902 9	0.25	0.968 9
矿化度 TDS(mg/L)	18.41	0.000 4	18.18	0.052 0	0.55	0.908 9
浊度(NTU)	4.85	0.183 2	33.37	0.000 2	6.09	0.107 1
叶绿素 a(mg/L)	15.28	0.001 6	15.54	0.113 7	2.26	0.519 5
高锰酸盐指数(mg/L)	33.18	0.000 0	4.30	0.933 1	0.12	0.989 6
氨氮(mg/L)	3.91	0.271 5	16.27	0.092 3	6.77	0.079 8
总氮(mg/L)	30.61	0.000 0	3.94	0.950 2	0.19	0.979 8
总磷(mg/L)	24.73	0.000 0	3.47	0.968 0	1.29	0.731 2
氮磷比	30.96	0.000 0	2.03	0.996 1	0.38	0.945 1

尽管如此,通过对监测位点的空间分析,我们看到白马湖在空间上呈现出南北走向、北部湖区东西走向的格局(Moran 空间分量特征如图 2.18 所示),农业主要分布在白马湖的北部和西部,而主要入湖河道也分布在白马湖的北部和西部,白马湖水质受到北部和西部入湖水体、农业面源污染的影响。因此,我们通过提取白马湖监测位点的空间向量,通过 Moran 空间自相关检验水体理化指标的相关性,从而揭示南北湖区的水体理化差异。结果如表 2.3 所示。

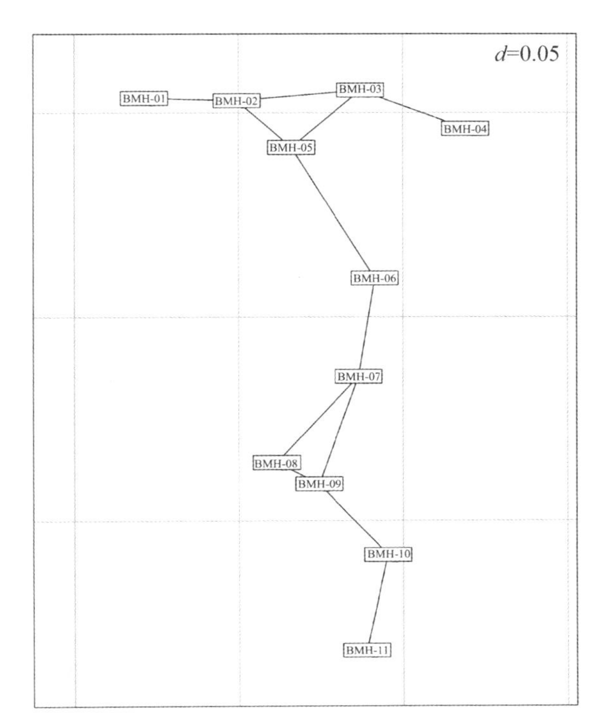

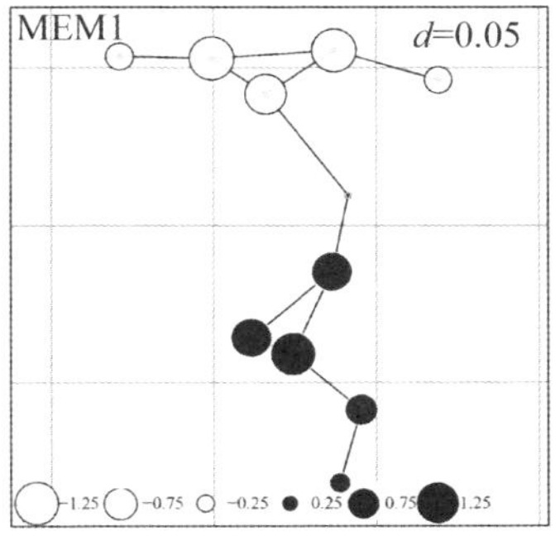

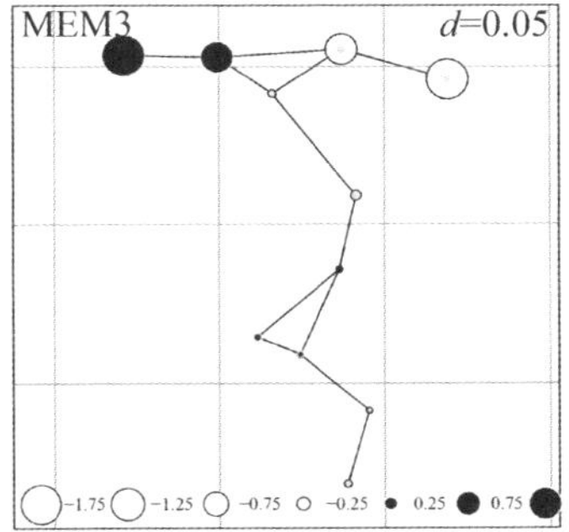

图 2.18　白马湖湖区监测位点的 Moran 空间分量特征

表 2.3　白马湖湖区水体理化指标的 Moran 空间自相关检验结果

	全年		春季		夏季		秋季		冬季	
	观测值	P 值	观测值	P 值	观测值	P 值	观测值	P 值	观测值	P 值
透明度(cm)	0.44	0.001 0	0.15	0.160 0	0.57	0.001 0	0.53	0.004 0	0.57	0.003 0
水深(m)	0.17	0.003 0	0.12	0.398 0	0.12	0.368 0	(0.02)	0.732 0	(0.02)	0.773 0
水温(℃)	(0.09)	0.160 0	0.09	0.321 0	(0.14)	0.843 0	0.14	0.335 0	0.15	0.318 0
pH	0.02	0.377 0	(0.06)	0.896 0	0.32	0.091 0	0.57	0.013 0	0.49	0.006 0
溶解氧含量(mg/L)	(0.06)	0.414 0	0.30	0.091 0	0.31	0.121 0	0.30	0.132 0	(0.15)	0.818 0
电导率(μS/cm)	(0.04)	0.651 0	(0.36)	0.221 0	0.55	0.012 0	0.27	0.171 0	0.75	0.002 0
矿化度TDS(mg/L)	0.10	0.022 0	(0.37)	0.189 0	0.72	0.002 0	0.28	0.135 0	0.81	0.002 0
浊度(NTU)	0.40	0.001 0	0.61	0.008 0	0.61	0.011 0	0.79	0.002 0	0.51	0.008 0

续表

	全年		春季		夏季		秋季		冬季	
	观测值	P 值	观测值	P 值	观测值	P 值	观测值	P 值	观测值	P 值
叶绿素 a (mg/L)	0.13	0.010 0	(0.14)	0.867 0	0.43	0.040 0	(0.12)	0.952 0	0.65	0.003 0
高锰酸盐指数 (mg/L)	(0.05)	0.623 0	0.49	0.016 0	(0.12)	0.924 0	0.24	0.204 0	(0.24)	0.589 0
氨氮 (mg/L)	0.14	0.012 0	0.37	0.057 0	0.31	0.127 0	(0.02)	0.740 0	0.76	0.004 0
总氮 (mg/L)	(0.06)	0.496 0	0.08	0.404 0	(0.20)	0.687 0	0.11	0.426 0	(0.04)	0.839 0
总磷 (mg/L)	(0.04)	0.618 0	0.42	0.049 0	(0.35)	0.256 0	(0.18)	0.423 0	(0.28)	0.426 0
氮磷比	(0.06)	0.412 0	(0.22)	0.658 0	(0.36)	0.314 0	(0.15)	0.836 0	(0.37)	0.325 0

从表中可以看到，在全年尺度上，透明度、水深、矿化度、浊度、叶绿素 a、氨氮等指标存在显著的空间特征（Moran 空间自相关检验，$P<0.05$），即在南北湖区之间差异显著。这些指标在夏季和冬季也展现出相似的分布规律。此外，需要注意的是，秋冬季节的水体 pH 在湖区空间上差异显著。

综上，这些结果说明白马湖水体洁净程度在南北湖区之间差异显著，但水体营养盐含量在整个湖区分布均匀，差异性不大。

2.2.2 出入湖河道水体理化指标

1. 水体温度

白马湖出入湖的水温变化情况如图 2.19 所示，不同季节之间的水温变化显著（单因素方差检验：$P<0.001$），夏季出入湖水温最高出现在白马湖北边的三渔场河上，为 29.860℃；冬季出入湖水温最低出现在新河，为 6.452℃。全年均温为 18.497℃。不同出入湖河道的水温全年差异不大（单因素方差检验为不显著）。

2. 水体酸碱度

白马湖出入湖河道的水体 pH 范围在 7.18～8.42，均值为 7.86（图 2.20），其中不同季节之间的水体 pH 差异显著（单因素方差检验：$P<0.001$），秋季的水体 pH 要显著低于其他季节的，冬季 pH 最高，但各个河道间的水体 pH 差异不大。出入湖河道的水体 pH 和湖区的水体 pH 都处于偏弱碱性，但统计检验结果显示：出入湖河道的水体 pH 要显著低于湖区水体的（T 检验，$P<0.001$）。

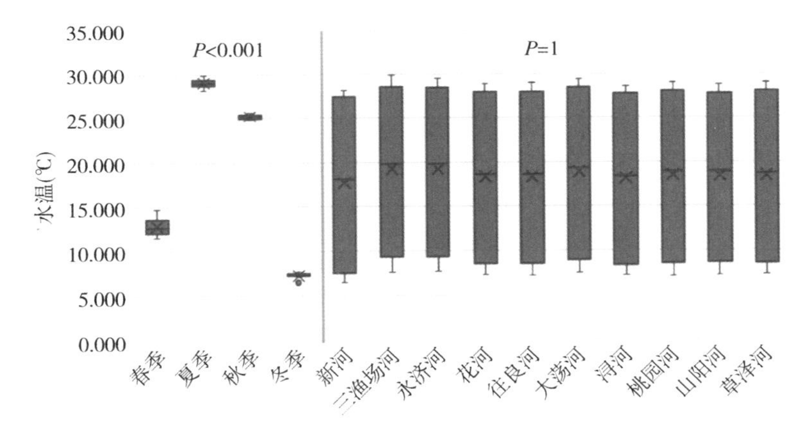

图 2.19　白马湖出入湖的水温时空变化

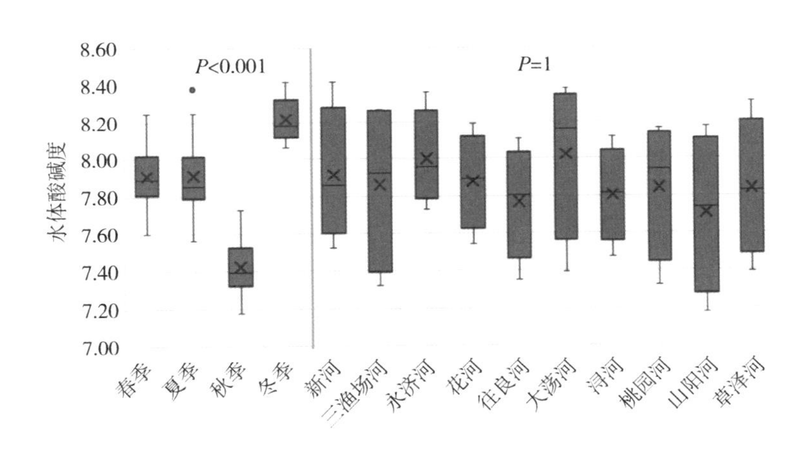

图 2.20　白马湖出入湖的水体酸碱度时空变化

3. 水体溶解氧含量

白马湖出入湖河道的水体溶解氧含量分布在 4.73～13.74 mg/L 之间，均值为 8.85 mg/L(图 2.21)。夏季和秋季的水体溶解氧含量要显著低于春季和冬季的(单因素方差检验：$P<0.001$)，但不同河道之间的差异并不显著。出入湖河道的水体溶解氧含量与湖区水体的差异不大(T 检验，$P>0.1$)，两者在不同季节之间的变化趋势相一致。

4. 水体电导率

白马湖出入湖的水体电导率范围在 384.5～746.7 μS/cm，均值为 538.3 μS/cm。从图 2.22 中可以看出，电导率的时空变化特征与水体温度类似，即在不同季节

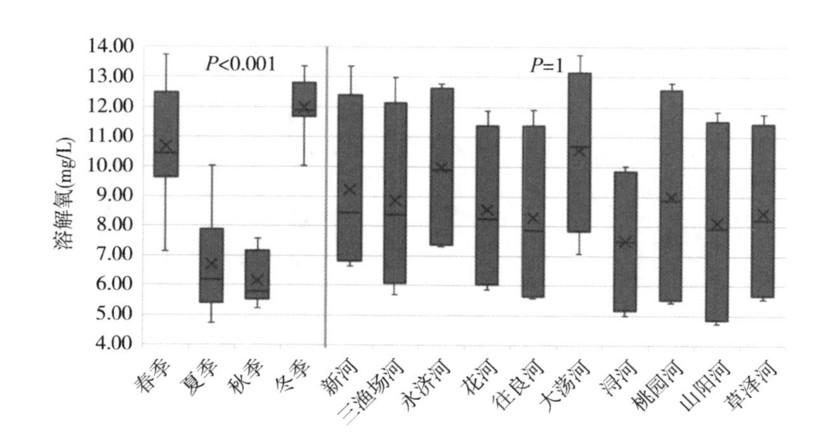

图 2.21　白马湖出入湖的水体溶解氧时空变化

之间的差异显著(单因素方差检验:$P<0.001$),夏季的水体电导率要显著高于其他季节的;在不同出入湖河道之间的差异不显著。此外,出入湖河道的水体电导率要显著高于湖区水体的(T 检验,$P<0.05$)。

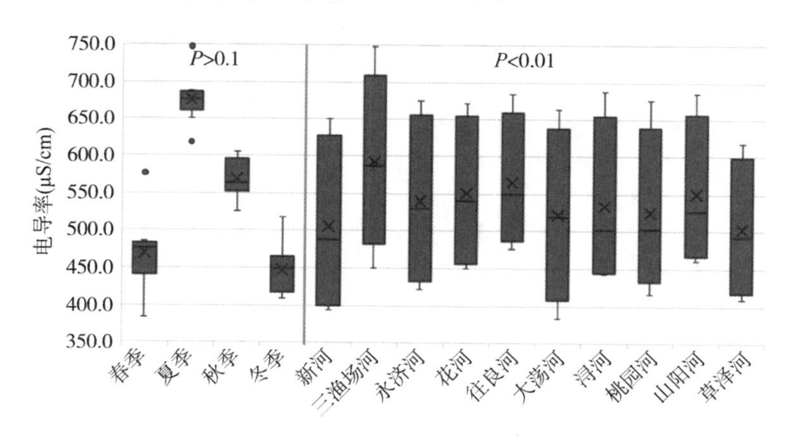

图 2.22　白马湖出入湖的水体电导率时空变化

5. 水体矿化度(总溶解性固体含量)

白马湖出入湖的水体矿化度在 108～482 mg/L 范围中,均值为 395 mg/L。从图 2.23 中看出,白马湖的水体矿化度在不同季节之间的差异显著(单因素方差检验:$P=0.01$),但在不同河道之间的差异不显著。尽管如此,三渔场河的水体矿化度要高于其他河道的,而桃园河的水体矿化度变化程度要超过其他河道的。此外,出入湖河道的水体矿化度要显著高于湖区水体的(T 检验,$P<0.05$)。

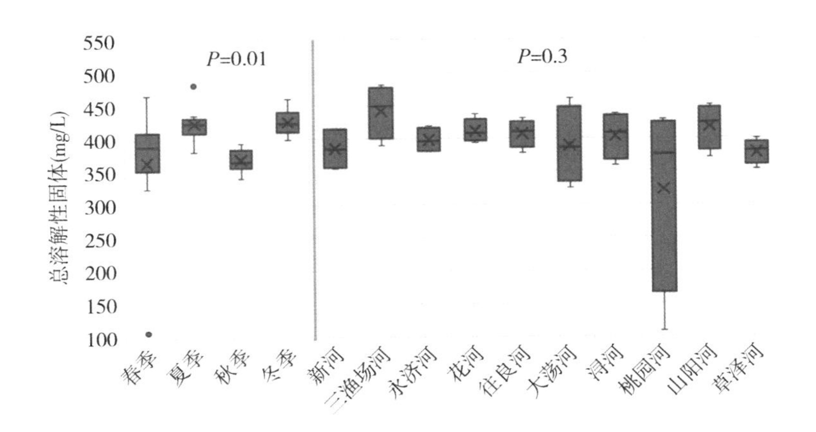

图 2.23　白马湖出入湖的水体矿化度时空变化

6. 水体浊度

白马湖出入湖的水体浊度分布在 3.50～39.93 NTU 范围之间，均值为 14.18 NTU。方差检验的显著性结果(见图 2.24)显示：不同季节之间的水体浊度差异不显著(春季、夏季、秋季的河道组内方差更大)。因此，出入湖河道中永济河、花河、浔河等的水体浊度要显著高于其他河道的(单因素方差检验：$P<0.01$)。此外，出入湖河道的水体浊度与湖区水体的差异不大(T 检验结果不显著)。

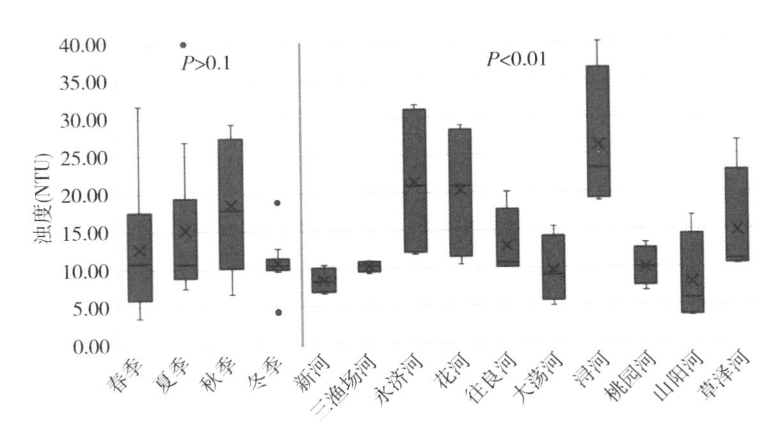

图 2.24　白马湖出入湖的水体浊度时空变化

水体浊度的大小反映的是水体中悬浮物质、不溶解性物质的多寡。因此，可以判断出永济河、花河、浔河等河道中的悬浮物含量较高，这几条河道承担着农业面源污染汇流、排放以及衔接部分水产养殖的功能，受周边汇流过程中的不溶解性颗粒物的影响，水体的浊度较高。

7. 水体叶绿素 a 含量

白马湖出入湖河道的水体中叶绿素 a 含量分布范围为 2.59～42.45 μg/L，均值为 12.30 μg/L。从图 2.25 中可以看出，夏季的叶绿素 a 含量要显著高于其他季节的，春季的叶绿素 a 含量则显著偏低（单因素方差检验：$P<0.05$），夏季不同河道之间的叶绿素 a 含量变化幅度很大。在空间上，不同河道之间的水体叶绿素 a 含量差异显著（单因素方差检验：$P<0.01$），其中白马湖北边河道中的水体叶绿素 a 含量显著更高，特别是新河、三渔场河、永济河、花河。

这一结果表明，新河、三渔场河、永济河、花河等河道的水体初级生产力要显著高于其他河道的，也预示着这些北边的河道对白马湖的水体藻类、叶绿素 a 含量的贡献要更高。尽管如此，统计分析结果显示出入湖河道的水体叶绿素 a 含量与湖区水体的差异不明显。

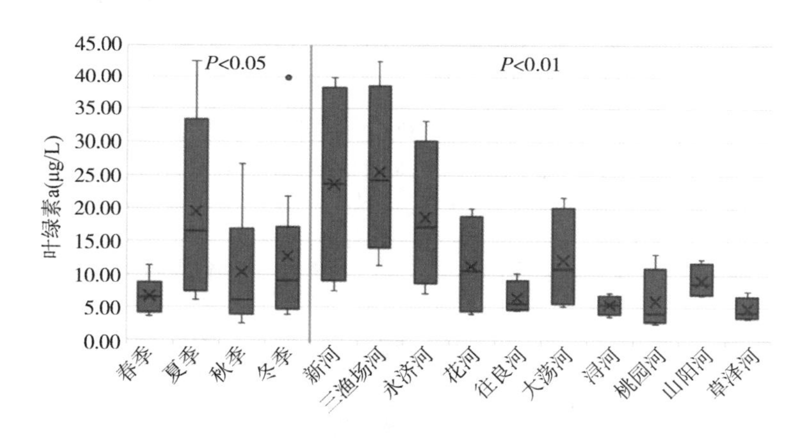

图 2.25 白马湖出入湖的水体叶绿素 a 时空变化

8. 出入湖河道水体营养盐浓度

白马湖出入湖河道的水体高锰酸盐指数介于 1.9～10.2 mg/L 之间，均值为 4.1 mg/L。参照《地表水环境质量标准》(GB 3838—2002)，整体上处于Ⅱ～Ⅲ类水水平（图 2.26）。其中，不同季节之间的水体高锰酸盐指数差异明显（单因素方差检验：$P<0.001$），特别是冬季不同河道的水体高锰酸盐指数要显著低于其他季节的，且处于Ⅱ类水水平。但相对来说，白马湖不同出入湖河道之间的水体高锰酸盐指数差异很小。此外，出入湖河道的水体高锰酸盐指数要显著低于湖区水体的（T 检验，$P<0.05$）。

高锰酸盐指数的变化和河道、湖区间的差异，体现了出入湖河道的水体有机污染物含量更低。因此出入湖河道的水质对湖区的有机质污染贡献较低。

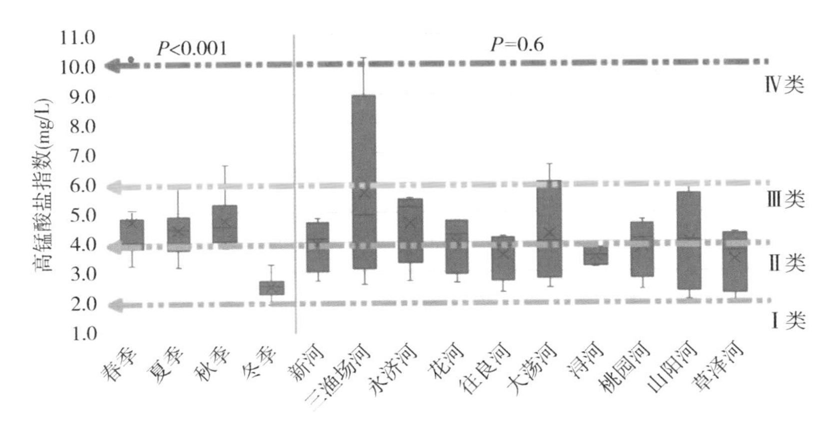

图 2.26 白马湖出入湖的水体高锰酸盐指数时空变化

白马湖出入湖的水体氨氮浓度分布在 0.117～3.690 mg/L 之间[①]，均值为 0.529 mg/L，基本上处于Ⅱ～Ⅲ类水水平(图 2.27)。显著性检验的结果显示，不同季节、不同湖区的水体氨氮浓度不存在显著性差异。但从各个河道之间的差异来看，新河、永济河、草泽河等的水体氨氮浓度要相对较低，而三渔场河则监测出相对较高的氨氮浓度(最高值出现在春季)。统计分析结果显示出入湖河道的水体氨氮浓度要显著高于湖区水体的(T 检验，$P<0.05$)。

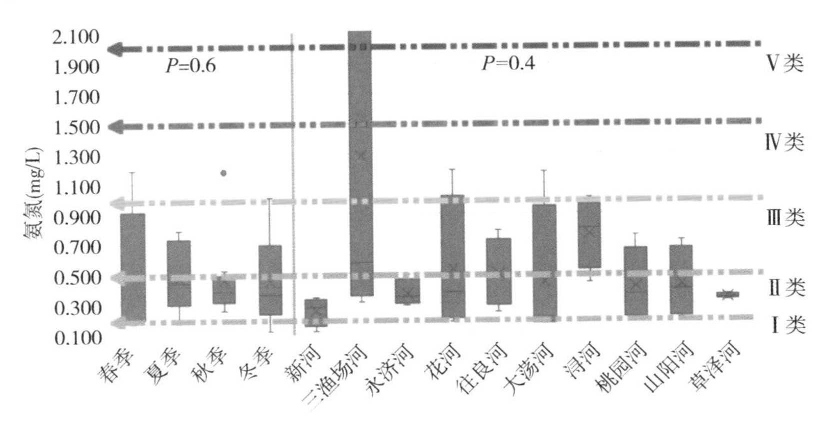

图 2.27 白马湖出入湖的水体氨氮浓度时空变化

① 数值无误，因排版空间有限，在图 2.27 中仅作超出示意。

白马湖出入湖的水体总氮浓度分布在 0.79～12.10 mg/L 之间，均值为 3.98 mg/L，很大程度上处于Ⅴ类到劣Ⅴ类水水平(图 2.28)。从图中可以看出，不同季节之间的水体总氮浓度差异显著，其中秋季的总氮浓度最低，冬季的反而最高，这一监测结果与湖区的结果相一致。不同出入湖河道之间的总氮浓度差异不显著。

上述一致性的季节变化趋势结果显示出入湖水体中的总氮与湖区水体的总氮存在显著的相关性，统计分析结果显示出入湖河道的水体总氮浓度要显著高于湖区水体的(T 检验，$P<0.05$)。因此，出入湖河道对于湖区水体的总氮负荷具有重要贡献作用。

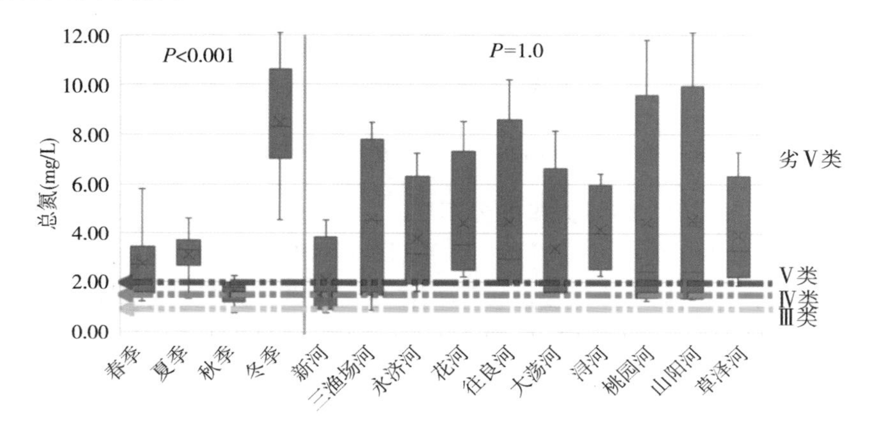

图 2.28　白马湖出入湖的水体总氮浓度时空变化

白马湖出入湖的水体总磷浓度分布在 0.03～0.65 mg/L 之间，均值为 0.20 mg/L，基本上处于Ⅳ类到劣Ⅴ类水水平(图 2.29)。但不同季节、不同河道之间的水体总磷浓度不存在显著性差异。相对来说，夏季的水体总磷浓度较高，春季的最低。统计分析结果显示出入湖河道的水体总磷浓度要显著高于湖区水体的(T 检验，$P<0.05$)。

出入湖河道的总磷浓度在季节上的变化趋势与湖区的相一致，因此，湖区的水体总磷负荷很大程度上是由出入湖河道来贡献的。

总结白马湖出入湖河道中水体的各项营养盐指标，出入湖河道的主要污染物是总氮与总磷，而与湖区的水质营养盐指标相比较，出入湖河道的水体高锰酸盐指数、氨氮浓度、总氮与总磷浓度都要显著高于湖区的，且污染的程度更高，湖区的营养盐浓度呈现出输入大于输出的情况，出入湖河道对湖区的污染贡献程度较高。

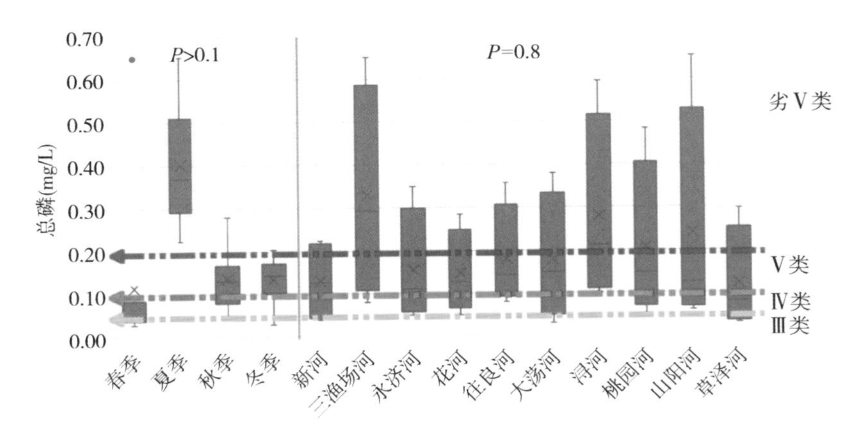

图 2.29　白马湖出入湖的水体总磷浓度时空变化

2.2.3　备用水源地水质状况分析

根据《江苏省白马湖保护规划》资料，白马湖湖区东北部现设有淮安市白马湖南闸水源地，应按照《饮用水水源保护区污染防治管理规定》《江苏省水域保护办法》等进行管理与保护。

白马湖湖区监测位点中 BMH－04 位于淮安市白马湖南闸水源地中，其监测结果反映的是水源地保护区的水质状况，通过对比水源地保护区与其他水功能区的水质差异，就能相应地评估当前备用水源地的水质状况。因此，通过单因素方差检验（两两组间差异通过 Tukey HSD 检验），水源地保护区与其他水功能区的水质差异分析结果如下所示（图 2.30、图 2.31、图 2.32 和图 2.33）。

分析各个季节及全年尺度上的不同水功能区之间的差异可以看出，除氨氮以外，高锰酸盐指数、总氮、总磷的组间差异显著（单因素方差检验：$P<0.05$），特别是在夏季，水源地保护区的高锰酸盐指数要显著低于景观娱乐区、生态养殖区以及资源保留区（单因素方差检验：$P<0.001$），而水源地保护区的总磷浓度则要显著高于其他水功能区（单因素方差检验：$P<0.001$），但总氮的差异并不显著。在全年尺度上，高锰酸盐指数和总磷这两个营养盐指标差异显著（单因素方差检验：$P<0.05$），但两两组间差异的检验结果并未识别出水源地保护区与其他水功能区之间的显著差异（Tukey HSD 检验：$P>0.05$）。

整体上，水源地保护区与其他水功能区在这四个指标上的差异呈现出一定的规律性，即水源地保护区水质与出入湖河道的水质相近，而与景观娱乐区、生态养殖区和资源保留区的差异较大。因此,水源地保护区很可能受到出入湖河道的水质影响,而其他水功能区的开发利用方式导致了其水质与水源地保护区的差异明显。由此可见,白马湖备用水源地需要在控制出入湖水质的前提下进行保护控制,而通过与其他水功能区进行区分,可以有效避免水源地水质受到人类开发利用行为的影响。然而,尽管如此,白马湖水源地保护区的总氮、总磷含量较高,是主要污染物,需要得到重视。

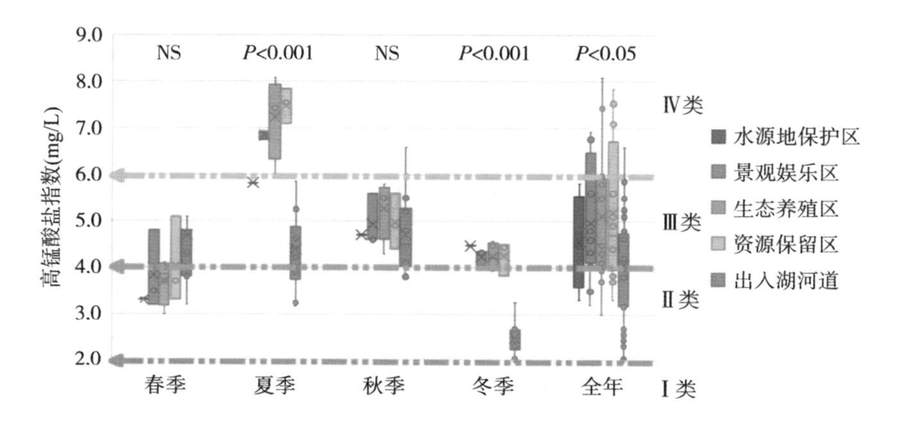

图 2.30　白马湖水源地的水质状况比较(高锰酸盐指数)

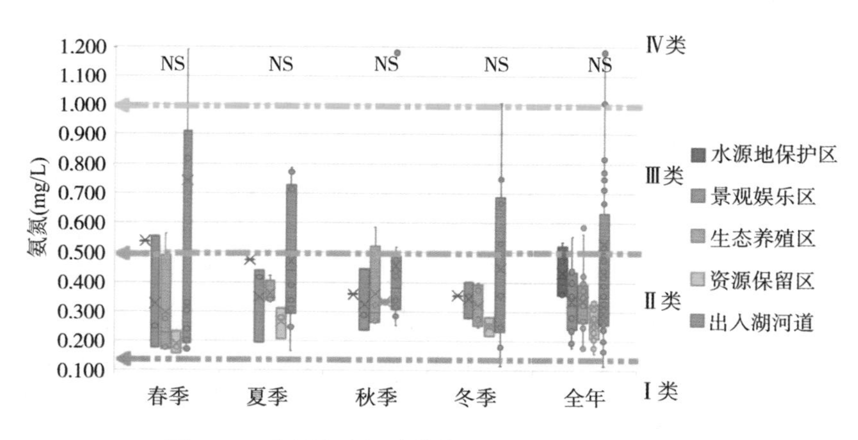

图 2.31　白马湖水源地的水质状况比较(氨氮浓度)

2.2.4　持久性有机污染物

选择水源地保护区(BMH－04)的春季水样进行白马湖水体持久性有机污染物(POPs 类物质)的测定,监测指标包括有机氯农药(OCPs)、多氯联苯

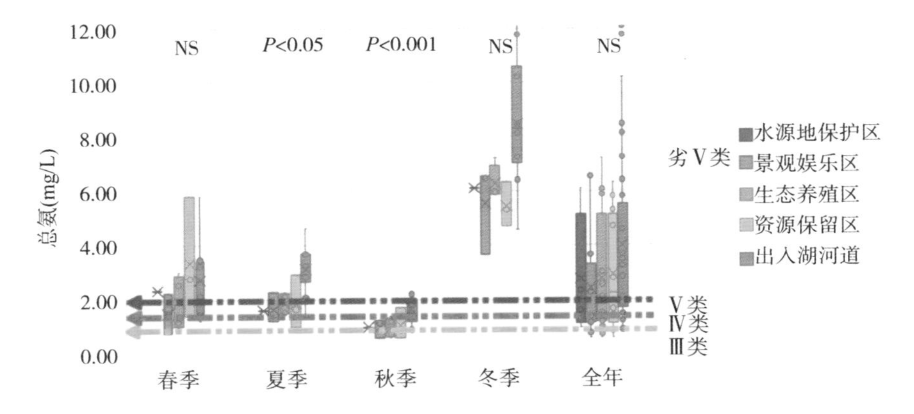

图 2.32　白马湖水源地的水质状况比较(总氮浓度)

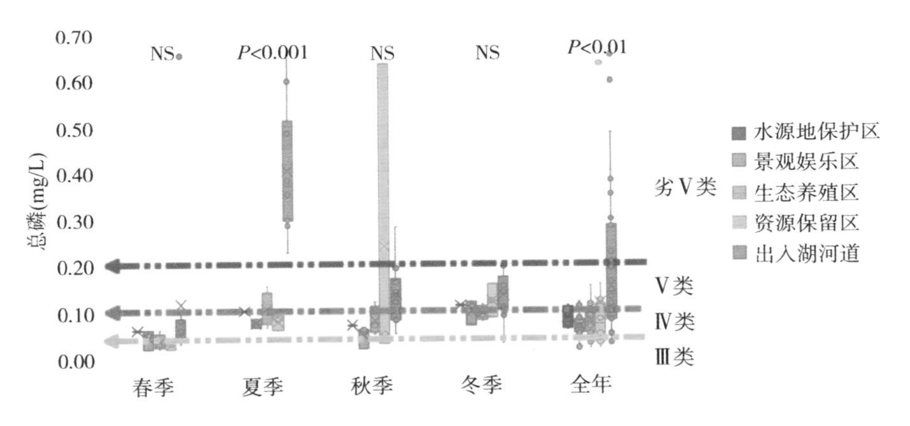

图 2.33　白马湖水源地的水质状况比较(总磷浓度)

(PCBs)和多环芳烃(PAHs)。

有机氯农药、多氯联苯和多环芳烃监测结果(表 2.4)显示,有机氯农药中的p,p′- DDD、p,p′- DDE、p,p′- DDT 等异构体是水源地保护区水体中的主要持久性有机污染物。而多氯联苯和多环芳烃在水体中并未被检测出。

表 2.4　白马湖水源地保护区水体中 POPs 测定结果

POPs 类物质	浓度(ng/g)
p,p′- DDD	11.4
p,p′- DDE	15.7

续表

POPs类物质	浓度(ng/g)
p,p′-DDT	17.3
o,p′-DDD	ND
o,p′-DDE	ND
o,p′-DDT	ND
硫丹硫酸酯	ND
β-硫丹	ND
甲氧氯	ND
PCBs	ND
PAHs	ND

注:ND代表未检出(Not Detected)。

水源地保护区位于白马湖东湖区(图 2.34),靠近南闸镇,农业面源污染和部分未接通污水管网的生活污水分散退水排入河沟,最终流入湖区,影响了白马湖水质。附近农田耕地面积分布较广,农业发达。农耕季节喷洒的农药易残留于土壤中,经过雨水的冲刷,残留农药随着土壤一起进入水环境中。水源地保护区的主要污染分布如图 2.35 所示。

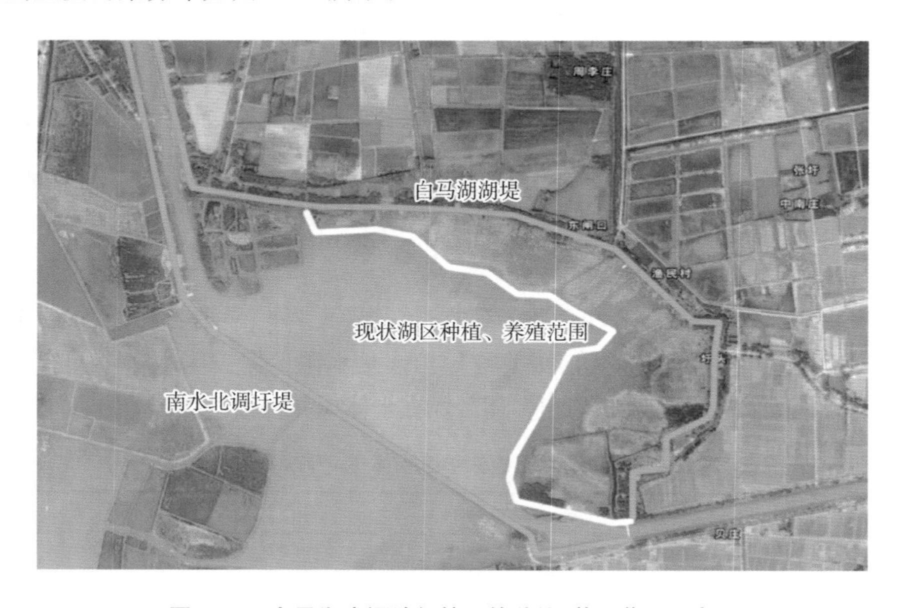

图 2.34　白马湖水源地保护区的种植、养殖范围示意图

图 2.35　白马湖水源地保护区的主要污染分布示意图

2.2.5　历史变化分析

对比各个监测年度的水体营养盐浓度，分析当前白马湖水质状况的变化趋势，阐明水质变化的基本规律和主要过程。各个监测年度水体营养盐指标的分布及差异如图 2.36、图 2.37、图 2.38 和图 2.39 所示。

从图 2.36 中可以看出，整体上 2021 年白马湖的水体高锰酸盐指数要略高于往年监测结果（单因素方差检验：$P<0.01$），组间两两比较的结果显示 2021 年度水体高锰酸盐指数显著高于 2018 和 2019 年度（Tukey HSD 检验：$P<0.05$）。在各个季节上，除在秋季无年间的显著差异外，春季、夏季和冬季的差异都显著，其中 2021 年春季和夏季的水体高锰酸盐指数显著高于往年监测结果（Tukey HSD 检验：$P<0.01$），冬季的则显著低于往年监测结果。

参照《地表水环境质量标准》（GB 3838—2002），整体上，这五个监测年度的水体高锰酸盐指数处于Ⅱ～Ⅲ类水水平，在季节分布上，春季和冬季的水体高锰酸盐指数要低于夏季和秋季的。需要注意的是，夏季水体高锰酸盐指数有明显的上升趋势，在下一监测年度中值得关注。

从图 2.37 中可以看出，2021 年白马湖的水体氨氮浓度较往年的差异不显著（单因素方差检验：$P>0.7$），此外，春季和夏季的水体氨氮浓度在不同年

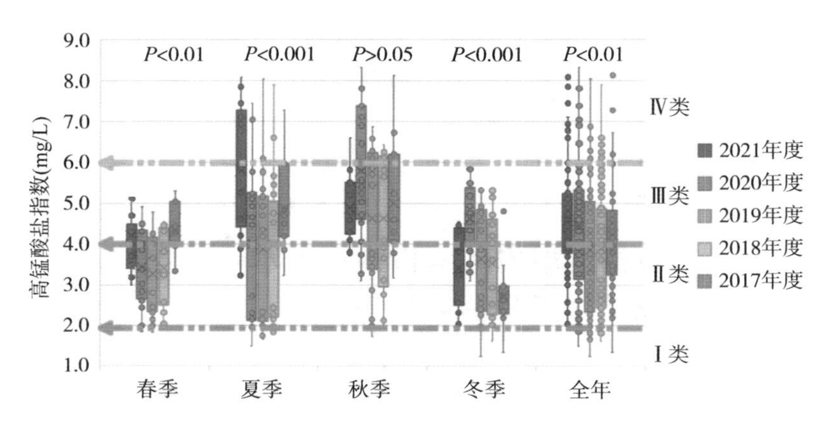

图 2.36　白马湖水质状况的历年比较(高锰酸盐指数)

度之间差异较为显著,秋季和冬季的差异不显著。尽管如此,整体上,白马湖的水体氨氮浓度处于Ⅱ～Ⅲ类水水平,其中夏季的氨氮浓度偏高,达到了Ⅲ类水水平。

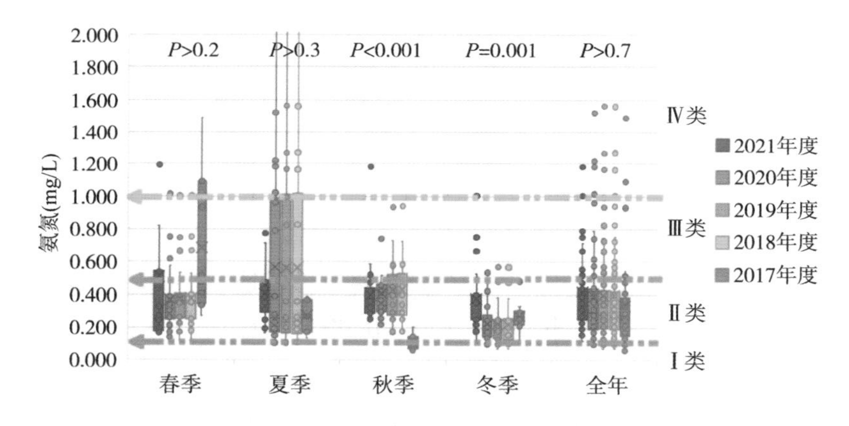

图 2.37　白马湖水质状况的历年比较(氨氮浓度)

从图 2.38 中可以看出,2021 年白马湖的水体总氮浓度较往年有显著的下降(单因素方差检验:$P<0.001$)。组间的两两比较结果显示,2021 年度全年、春季、夏季和秋季的白马湖水体总氮浓度要显著地低于 2018、2019 和 2020 年度(Tukey HSD 检验:$P<0.001$),但与 2017 年度差异不大。

参照《地表水环境质量标准》(GB 3838—2002),这五个监测年度的白马湖水体总氮浓度基本处于Ⅴ类到劣Ⅴ类水水平。但是总氮浓度显著降低,部分监测位点的水质可以达到Ⅲ类水水平。通过对比历年水体总氮浓度差异,可以预测下一年度的水质目标，在整合分析出总氮浓度下降的原因之后，可以进一步规划和制定出氮素负荷控制的目标和策略。

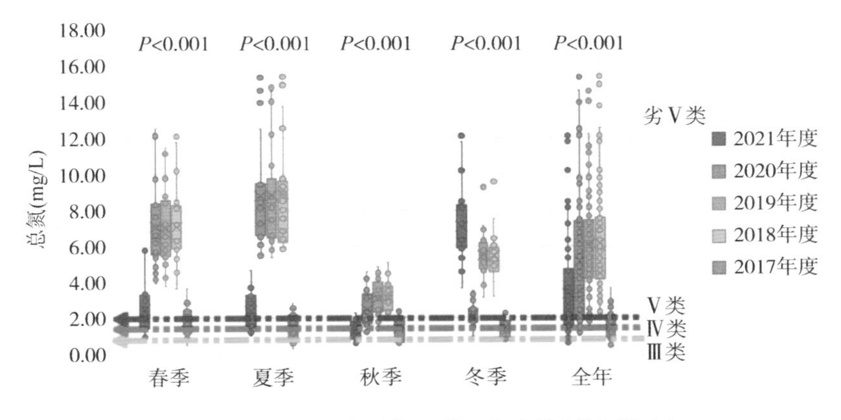

图 2.38　白马湖水质状况的历年比较(总氮浓度)

从图 2.39 可以看出，2021 年度的白马湖水体总磷浓度均值与往年差异不大，但在组内变化幅度上差异显著(单因素方差检验：$P<0.05$)。对比各个季节，2021 年度夏季的水体总磷浓度要显著高于其他监测年度(Tukey HSD 检验：$P<0.01$)，但其他季节不存在显著性差异(Tukey HSD 检验：$P<0.05$)。

参照《地表水环境质量标准》(GB 3838—2002)，这五个监测年度的白马湖水体总磷浓度基本处于Ⅴ类到劣Ⅴ类水水平。其中，夏季的水体总磷浓度较高，达到了劣Ⅴ类水水平；相对的，除 2021 年度以外的其他年度秋季和冬季的水体总磷浓度较高，也达到了劣Ⅴ类水水平。这个结果值得关注。

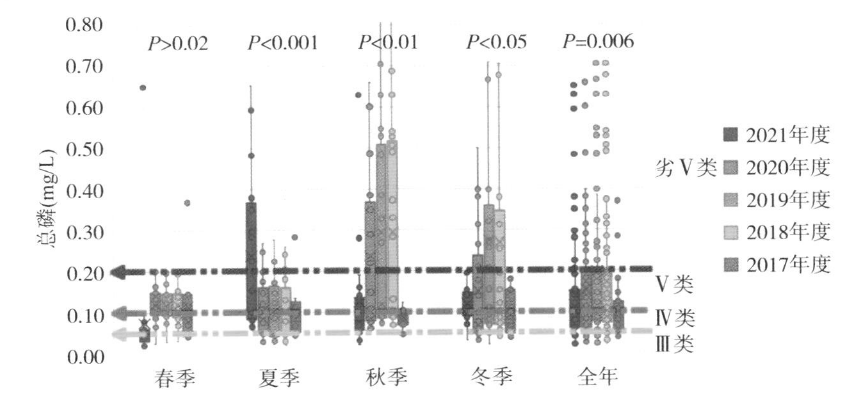

图 2.39　白马湖水质状况的历年比较(总磷浓度)

2.3 底泥营养盐含量

湖泊是一个受岩石圈、大气圈、水圈和生物圈综合影响的复杂系统，湖泊底泥的形成是湖泊及流域受物理、生物和化学等综合作用的结果。湖泊富营养化是由于湖泊中氮、磷等营养元素过度富集而导致的水生态系统中初级生产力增高的异常现象，氮和磷的严重超标是导致湖泊富营养化的直接原因。底泥在一定情况下影响着湖泊的营养化程度，但同时也是湖泊水环境的重要组成部分，在水体污染研究中具有特殊的重要性：一方面，湖泊底泥是环境物质输送的宿体，汇集了流域侵蚀、大气沉降以及人为释放等多种来源的环境物质，是各种物质的蓄积库，承接着对上覆水环境的净化功能；另一方面，当外源污染物质得以控制时，湖泊水体环境发生变化，不断向上覆水释放氮、磷等营养元素，重金属和难降解有机物，对二次污染的形成又有贡献作用。因此，研究底泥中碳、氮、磷的含量，对阐明水生态系统中碳、氮、磷的循环、转移和积累过程，以及在防止富营养化、控制“内负荷”方面都具有重要意义。

2.3.1 底泥营养盐分析

2021 年度白马湖底泥中有机质含量分布在 4.67%～20.04%范围内，均值为 10.95%（详见图 2.40），较上一年度有上升。有机质的空间分布呈现出明显的地理特征（Moran 空间自相关性检验为显著），且中部和南部湖区的有机质含量相对高于北部湖区。通过历年数据的对比分析，单因素方差检验结果显示：从 2016 到 2021 年，底泥有机质的含量呈现出明显的上升趋势（$P<0.001$），其中 2021 年度的监测结果显著地高于 2016、2017 年度（Tukey HSD 检验：$P<0.001$）和 2018、2019 年度（$P<0.05$）。具体统计检验结果如表 2.5 所示。

2021 年度白马湖底泥中总氮含量分布在 1 517～6 559 mg/kg 范围内，均值为 4 246 mg/kg（详见图 2.41），较上一年度有明显上升。总氮的空间分布也呈现出明显的地理特征（Moran 空间自相关性检验为显著），但与有机质的分布规律相反，即北部湖区的总氮含量显著高于中部和南部湖区。通过历年数据的对比分析，单因素方差检验结果显示：从 2016 到 2021 年，底泥中总氮的含量呈现出明显的上升趋势（$P<0.001$），其中 2021 年度的监测结果显著地高于 2016、2017 年度（Tukey HSD 检验：$P<0.001$）；特别是，近四年的白马湖底泥总氮含量显著高于前两年。具体统计检验结果如表 2.5 所示。

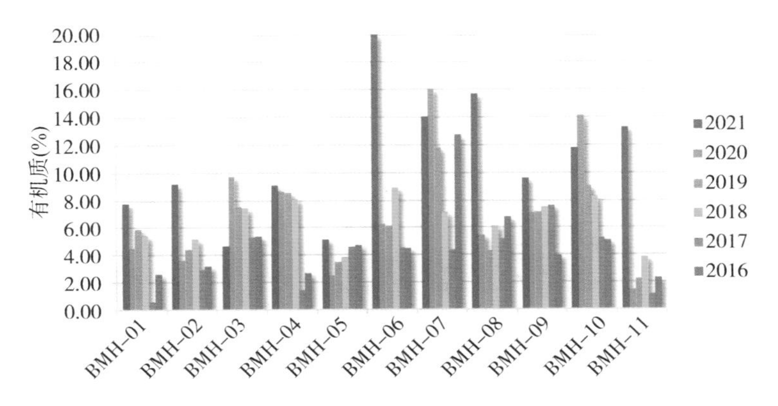

图 2.40　白马湖底泥的有机质含量及历年变化

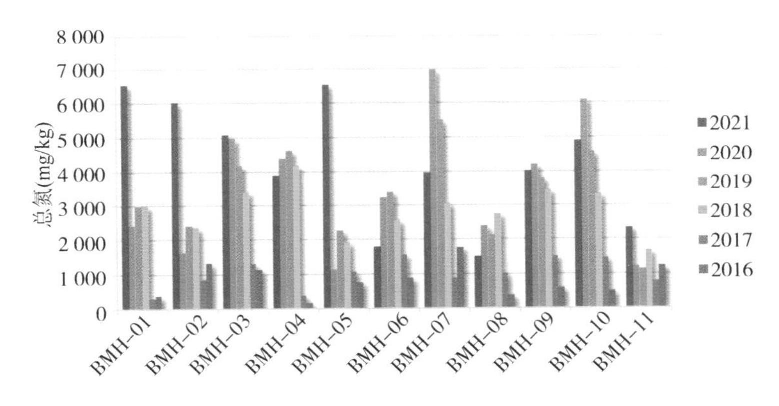

图 2.41　白马湖底泥的总氮含量及历年变化

2021 年度白马湖底泥中总磷含量分布在 370～888 mg/kg 范围内，均值为 614 mg/kg(详见图 2.42)，较上一年度有一定上升，但历年差异不大。白马湖底泥的总磷含量在空间上分布相对均匀，无明显的地理特征(Moran 空间自相关性检验为不显著)。历年数据的对比分析显示底泥总磷含量的年间差异不显著(单因素方差检验：$P=0.318$)。从 2016 年到 2021 年，总磷呈现出波动的特征，年度之间的两两对比无显著性的结果。具体统计检验结果如表 2.5 所示。

2.3.2　垂向分布特征

在白马湖的各个水功能区使用柱状采泥器采集约 20 cm 深度的沉积物样品，并按照每 2 cm 一层进行分割，相同深度层沉积物样品混合后进行了有机质、总氮、总磷含量的测定，并通过对各层测得数据的分析，得出白马湖沉积物中营养盐的垂向分析特征。

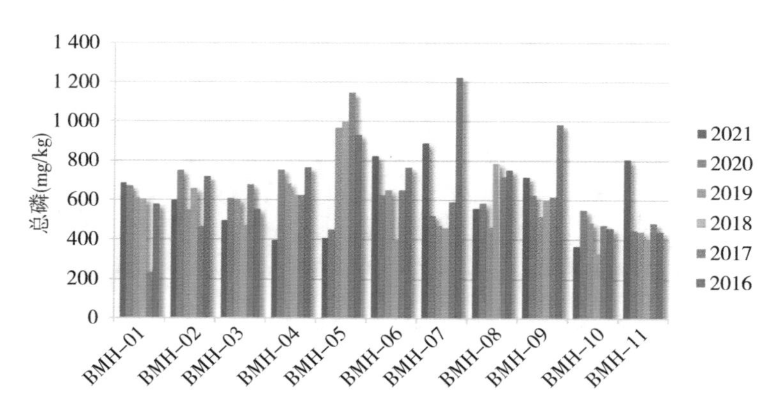

图 2.42　白马湖底泥的总磷含量及历年变化

表 2.5　白马湖底泥营养盐的历年对比分析(Tukey HSD 检验显著性)

营养盐	2021 年	2020 年	2019 年	2018 年	2017 年
有机质(%)(mean±SD)					
2021 年(10.95±4.62)	—				
2020 年(7.21±4.64)	0.108	—			
2019 年(6.43±2.79)	**0.027***	0.994	—		
2018 年(6.54±1.76)	**0.034***	0.997	1.000	—	
2017 年(3.92±2.16)	**0.000*****	0.205	0.497	0.448	—
2016 年(4.90±2.94)	**0.001*****	0.587	0.891	0.859	0.982
总氮浓度(mg/kg)(mean±SD)					
2021 年(4 245.63±1 798.18)	—				
2020 年(3 516.45±1 977.29)	0.764	—			
2019 年(3 367.00±1 316.91)	0.595	1.000	—		
2018 年(2 877.82±728.53)	0.139	0.846	0.946	—	
2017 年(1 009.85±428.00)	**0.000*****	**0.000*****	**0.001*****	**0.014***	—
2016 年(829.01±488.61)	**0.000*****	**0.000*****	**0.000*****	**0.005****	0.999
总磷浓度(mg/kg)(mean±SD)					
2021 年(614.02±183.68)	—				
2020 年(598.30±103.16)	1.000	—			
2019 年(585.61±150.05)	0.999	1.000	—		

续表

营养盐	2021 年	2020 年	2019 年	2018 年	2017 年
总磷浓度(mg/kg)(mean±SD)					
2018 年(575.42±193.79)	0.997	1.000	1.000	—	
2017 年(607.89±223.33)	1.000	1.000	1.000	0.999	—
2016 年(743.96±236.72)	0.584	0.458	0.364	0.296	0.534

注:显著性结果中加粗的字体代表 Tukey HSD 检验显著。其中,*:$0.01<P\leqslant 0.05$;**:$0.001<P\leqslant 0.01$;***:$P\leqslant 0.001$。

从图 2.43 可以看出,垂向的表层到深层的变化过程中,有机质含量呈现出下降的趋势,而总氮含量的变化过程不明显,总磷呈现出微弱的下降趋势。与沉积物垂向深度的相关性检验结果显示:沉积物中有机质含量和总磷含量呈现出显著的下降趋势(Pearson 相关性分别为:$R=-0.945,P<0.01$ 和 $R=-0.943,P<0.01$),总氮的变化过程不显著(Pearson 相关性分别为:$R=-0.470,P=0.145$)。这一统计结果说明白马湖沉积物中深层的有机质、总磷含量要显著低于表层的,但总氮含量在当前的 20 cm 深度中分布得相对均匀。造成这一现象的原因是水体中营养盐的含量在近些年不断增加,导致沉降到沉积物中的营养盐在表层聚集。这一结果也说明,表层沉积物营养盐含量较高,很可能会在再悬浮过程中向水体进行释放,从而影响到水体的营养状况。这其中,总氮值得特别关注。

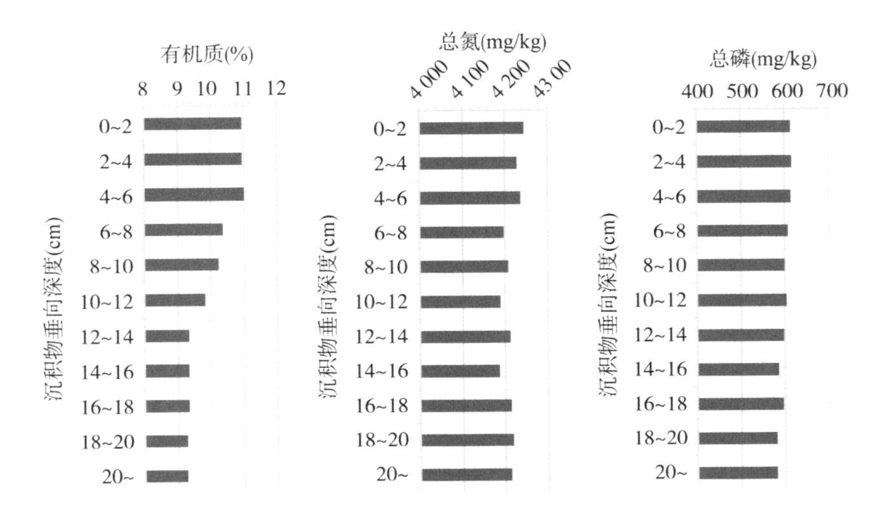

图 2.43 白马湖沉积物营养盐的垂向分布特征

3 水生高等植物群落

大型水生高等植物是湖泊生态系统结构中的重要组成部分之一，其组成和分布对水域生态系统的结构和功能都有显著影响。调查结果显示：白马湖水生高等植物种类丰富，其中挺水植物较多，漂浮和浮叶种类贫乏，水生高等植物主要分布在湖区的中部和南部地区，且主要包括菹草群落、茭草群落和芦苇群落三个群系，5 月份优势种为沉水植物菹草和挺水植物芦苇、茭草和空心莲子草，9 月份优势种为漂浮植物槐叶苹和水鳖；挺水植物空心莲子草、芦苇和茭草；沉水植物穗状狐尾藻以及浮叶植物欧菱。

3.1 种类组成

2021 年春季白马湖水生高等植物共计发现 17 种，分别隶属于 14 科。按生活型计，挺水植物 7 种，沉水植物 5 种，浮叶植物 2 种，漂浮植物 3 种，其中绝对优势种为沉水植物菹草，挺水植物芦苇、茭草和空心莲子草。

2021 年夏季白马湖水生高等植物共计发现 19 种，分别隶属于 14 科。按生活型计，挺水植物 9 种，沉水植物 5 种，浮叶植物 2 种，漂浮植物 3 种，其中绝对优势种为漂浮植物槐叶苹和水鳖，挺水植物空心莲子草、芦苇和菰，沉水植物穗状狐尾藻以及浮叶植物欧菱。具体参考表 3.1 和图 3.1。

表 3.1　2021 年白马湖湖区水生高等植物统计表

序号	物种名称	春季	夏季	生活型
1	**金鱼藻科 Ceratophyllaceae**			
	金鱼藻 *Ceratophyllum demersum*	√	√	沉水
2	**菱科 Trapaceae**			
	欧菱 *Trapa natans*	√	√	浮叶
3	**莼菜科 Cabombaceae**			

续表

序号	物种名称	春季	夏季	生活型
	水盾草 *Cabomba caroliniana*	√	√	沉水
4	**小二仙草科 Haloragidaceae**			
	穗状狐尾藻 *Myriophyllum spicatum*	√	√	沉水
5	**龙胆科 Gentianaceae**			
	荇菜 *Nymphoides peltata*	√	√	浮叶
6	**眼子菜科 Potamogetonaceae**			
	菹草 *Potamogeton crispus*	√		沉水
	龙须眼子菜 *Potamogeton pectinatus*	√		沉水
7	**水鳖科 Hydrocharitaceae**			
	水鳖 *Hydrocharis dubia*	√	√	漂浮
	苦草 *Vallisneria natans*		√	沉水
	黑藻 *Hydrilla verticillata*		√	沉水
8	**禾本科 Poaceae**			
	芦苇 *Phragmites australis*	√	√	挺水
	茭草 *Zizania latifolia*	√	√	挺水
	稗 *Echinochloa crusgalli*	√	√	挺水
9	**浮萍科 Lemnaceae**			
	浮萍 *Lemna minor*	√	√	漂浮
10	**香蒲科 Typhaceae**			
	狭叶香蒲 *Typha angustifolia*	√	√	挺水
11	**苋科 Amaranthaceae**			
	空心莲子草 *Alternanthera philoxeroides*	√	√	挺水
12	**睡莲科 Nymphaeaceae**			
	莲 *Nelumbo nucifera*	√	√	挺水
	芡实 *Euryale ferox*		√	挺水
13	**槐叶苹科 Salviniaceae**			
	槐叶苹 *Salvinia natans*		√	漂浮
14	**满江红科 Azollaceae**			
	满江红 *Azolla imbricata*	√		漂浮
15	**葫芦科 Cucurbitaceae**			
	盒子草 *Actinostemma tenerum*	√	√	挺水
16	**蓼科 *Polygonaceae***			
	水蓼 *Polygonum hydropiper*		√	挺水

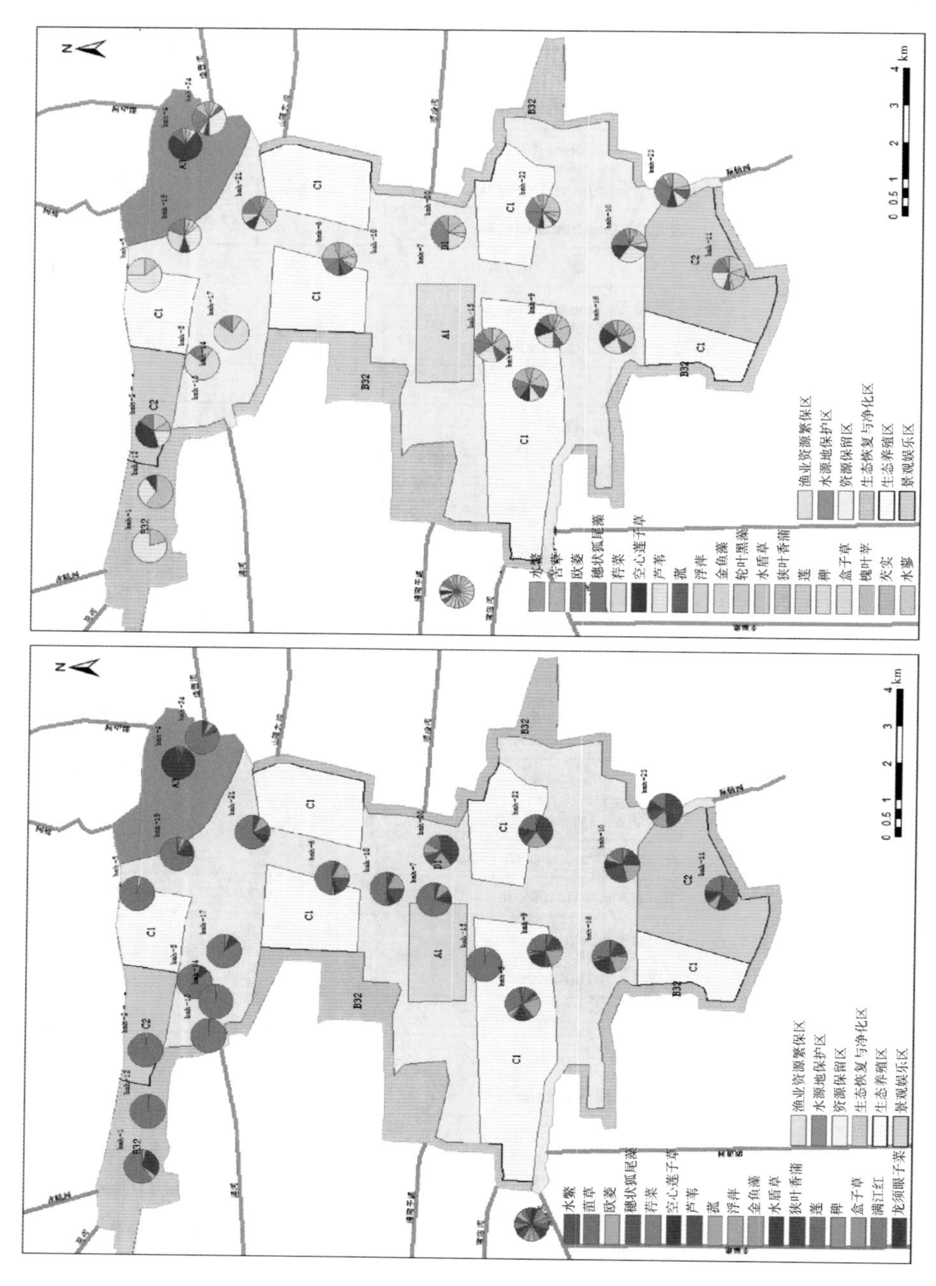

图 3.1 2021 年白马湖水生高等植物的群落组成(下图春季和上图①夏季)

① 因专业软件设置不便修改,图中“bmh-1”即文中“BMH-01”,全书不特意区分大小写。

3.2 生物量与盖度

2021 年白马湖水生高等植物的频度如表 3.2 所示。其中,春季的菹草和欧菱频度较高,分别达到了 91.8%和 92.7%,其他种类的频度范围在 4.2%～80.8%;夏季的槐叶苹和芦苇出现频度较高,达到了 75.0%和 67.7%,其他植物频度在4.2%～60.5%之间。

表 3.2 2021 年白马湖水生高等植物类别及频度

水生高等植物种类	生活型	频度(%)	
		春季	夏季
金鱼藻 *Ceratophyllum demersum*	沉水	14.7	15.7
欧菱 *Trapa natans*	浮叶	92.7	51.2
水盾草 *Cabomba caroliniana*	沉水	13.5	20.8
穗状狐尾藻 *Myriophyllum spicatum*	沉水	8.0	60.5
荇菜 *Nymphoides peltata*	浮叶	33.5	28.2
菹草 *Potamogeton crispus*	沉水	91.8	0
龙须眼子菜 *Potamogeton pectinatus*	沉水	4.2	0
水鳖 *Hydrocharis dubia*	漂浮	28.2	43.7
苦草 *Vallisneria natans*	沉水	0	30.2
黑藻 *Hydrilla verticillata*	沉水	0	4.2
芦苇 *Phragmites australis*	挺水	60.5	67.7
茭草 *Zizania latifolia*	挺水	71.8	50.7
稗 *Echinochloa crusgalli*	挺水	59.3	28.2
浮萍 *Lemna minor*	漂浮	17.7	20.8
狭叶香蒲 *Typha angustifolia*	挺水	50.0	30.8
空心莲子草 *Alternanthera philoxeroides*	挺水	80.8	55.2
莲 *Nelumbo nucifera*	挺水	30.2	38.5
芡实 *Euryale ferox*	挺水	0	4.2
槐叶苹 *Salvinia natans*	漂浮	0	75.0
满江红 *Azolla imbricata*	漂浮	5.2	0
盒子草 *Actinostemma tenerum*	挺水	5.2	5.2
水蓼 *Polygonum hydropiper*	挺水	0	9.3

2021 年春季白马湖 24 个样点水生高等植物平均生物量约为 1.91 kg/m^2,其中 BMH－10 单位面积生物总量最高为 3.4 kg/m^2,各采样点均检测到水生高等植物;夏季白马湖 24 个样点水生高等植物平均生物量约 1.65 kg/m^2,其中

BMH－21 单位面积生物总量最高达 3.1 kg/m^2。夏季的生态监测中，在 BMH－7、BMH－13、BMH－14、BMH－18 并未监测到水生高等植物。具体的空间分布格局如图 3.2 所示。

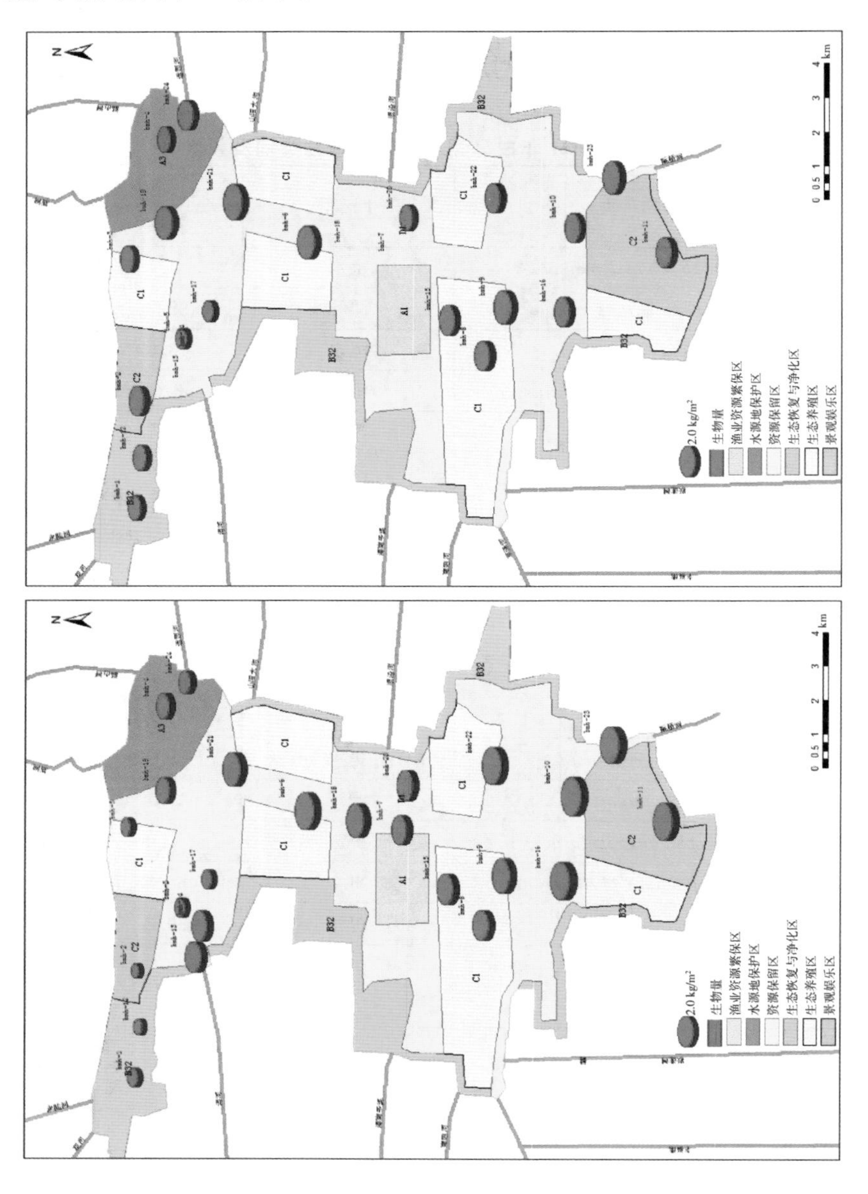

图 3.2　2021 年白马湖水生高等植物生物量的空间分布(下图春季和上图夏季)

图 3.1 显示，BMH－4 和 BMH－24 在水源地保护区；BMH－3、BMH－8、BMH－9、BMH－15 和 BMH－22 在生态养殖区；BMH－1 和 BMH－12 在生态恢复与净化区；BMH－5～BMH－7、BMH－10、BMH－13、BMH－14、BMH－16～BMH－21 和 BMH－23 在资源保留区。2021 年 5 月资源保留区（2.28 kg/m^2）的水生高等植物平均生物量高于生态养殖区（2.05 kg/m^2）、水源地保护区（1.39 kg/m^2）和生态恢复与净化区（0.70 kg/m^2）；9 月的生态养殖区水生高等植物平均生物量为 1.98 kg/m^2，高于水源地保护区（1.85 kg/m^2）、生态恢复与净化区（1.51 kg/m^2）和资源保留区（1.40 kg/m^2），如图 3.3 所示。

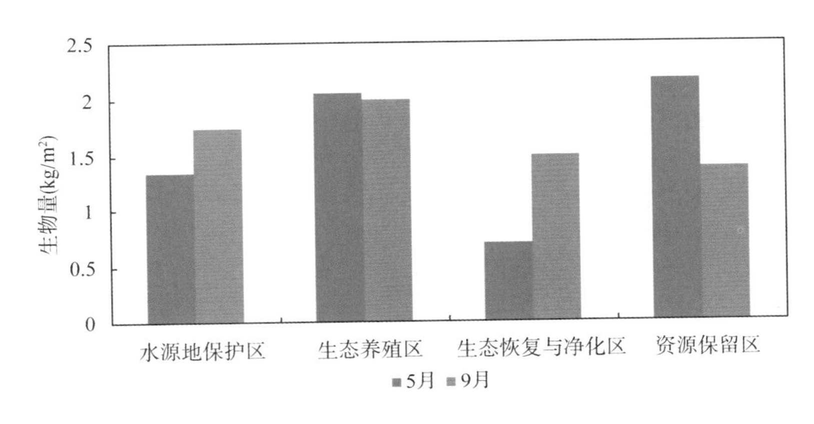

图 3.3　白马湖各个水功能区的生物量

调查结果显示：2021 年 5 月份白马湖水生高等植物在 24 个样点中均有发现，其中 BMH－13、BMH－14 和 BMH－21 采样点盖度较高，均达到 95%以上，BMH－2、BMH－12 盖度较低，只有 15%；由图 3.4 可以看出，2021 年 9 月份白马湖水生高等植物在 BMH－9、BMH－23 采样点盖度较高，达到 80%～90%，相比于 5 月各点均监测到水生高等植物，9 月份中 BMH－7、BMH－13～BMH－14、BMH－18 并未监测到水生高等植物。从两次调查结果可以看出，2021 年 5 月的白马湖水生高等植物的生物量比 9 月数值略高，菹草为白马湖 5 月份的水生高等植物的主要优势种，全湖区的大多数点位均有监测到，随着进入 9 月份以后菹草衰亡，在各点均未发现。而位于中部和南部的点位多分布在湖中间的村落附近，多以挺水植物茭草、芦苇和空心莲子草为主，该区域的水生高等植物的生物量和盖度相对高于其他区域。

图 3.4　2021 年白马湖水生高等植物盖度的空间分布(下图 5 月和上图 9 月)

3.3 历史变化趋势

白马湖近几年来水生高等植物种类数量变化情况如图 3.5 所示。春季的监测结果显示，白马湖水生高等植物的种类数量从 2014 到 2018 年大体上呈逐年减少的趋势，2019 年略微回升、2020 年持平；夏季监测结果显示，白马湖水生高等植物的种类数量 2014 到 2016 年逐年减少，2018 到 2020 年开始回升。整体上，2014 年到 2020 年，白马湖水生高等植物的种类数量呈下降到缓慢上升的趋势。此外，挺水植物、沉水植物历年间的种类差异不大，构成了水生高等植物群落的主要组成部分；浮叶植物相对较少，漂浮植物种类有增加的趋势。

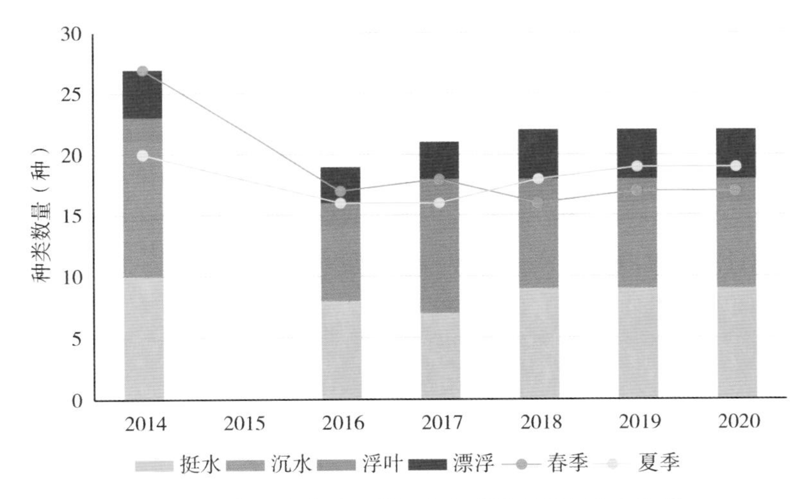

图 3.5 白马湖水生高等植物种类数量的历年变化[①]

白马湖近几年来水生高等植物生物量的变化情况如图 3.6 所示。整体上，2014 年到 2020 年，白马湖水生高等植物的生物量呈下降到缓慢上升的趋势，2018 年全湖生物量最低。此外，除 2017 年度的结果以外，春季的水生高等植物生物量要高于夏季。

2014 年度的调查结果显示：水生高等植物在白马湖沿岸带及湖心水域均有分布，沿岸带盖度大于中心水域，中心水域少有水生高等植物分布。24 个监测点中，除少量位点外，水生高等植物的盖度普遍超过 70%，其中盖度最小是 0%（BMH－7），盖度最大是 100%。

① 2015 年数据缺失，故全书多处不含 2015 数据。

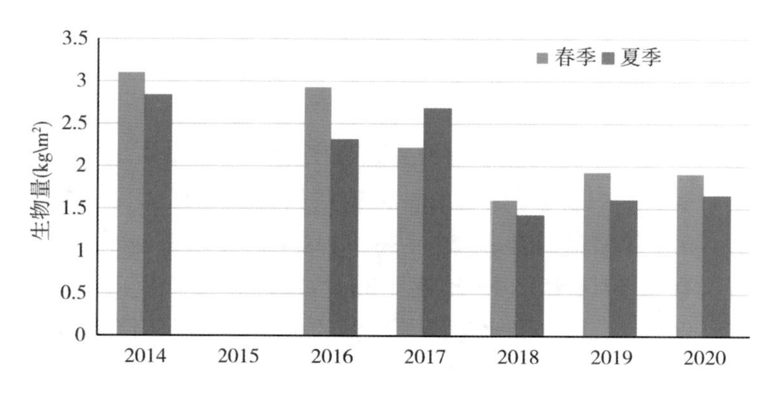

图 3.6　白马湖水生高等植物生物量的历年变化

2016 年度的调查结果显示：水生高等植物主要分布在白马湖的东部和南部的点位。春季的水生高等植物在 BMH－7 和 BMH－18 采样点盖度较高，均达到 95%；夏季的水生高等植物在 BMH－23 采样点盖度较高，达到 80%。

2017 年度的调查结果显示：白马湖水生高等植物在春季的 24 个监测点上均被发现，其中 BMH－9 和 BMH－15 采样点盖度较高，达 90%～100%，而西北部的 BMH－1、BMH－2 和 BMH－12 盖度较低，只有 1%～2%；夏季白马湖水生高等植物在 BMH－8 采样点盖度较高，达到 100%。

2018 年度的调查结果显示：白马湖春季水生高等植物在 24 个监测点上均被发现，其中 BMH－9 和 BMH－15 采样点盖度较高，达 70%～90%，BMH－2 盖度较低，只有 1%；夏季水生高等植物在 BMH－10 采样点盖度较高，达到 90%，但相比之下夏季的 BMH－2～BMH－5、BMH－7、BMH－9、BMH－13～BMH－14、BMH－18、BMH－24 未监测到水生高等植物。

2019 年度的调查结果显示：白马湖春季水生高等植物在 BMH－13、BMH－14 和 BMH－21 点的盖度较高，均达到 95%以上，BMH－2、BMH－12 盖度较低，只有 15%；夏季水生高等植物在 BMH－9、BMH－23 采样点盖度较高，达 80%～90%，而 BMH－7、BMH－13～BMH－14、BMH－18 则未监测到水生高等植物。

2020 年度的调查结果显示：白马湖春季水生高等植物在 24 个监测点上均被发现，其中 BMH－13、BMH－14 和 BMH－21 采样点盖度较高，达到 95%以上，BMH－2、BMH－12 盖度较低，只有 15%；夏季水生高等植物在 BMH－9、BMH－23 采样点盖度较高，达 80%～90%。

总结历年来白马湖水生高等植物的盖度变化趋势,表 3.3 列举了每个监测阶段内盖度最大点位。

表 3.3　白马湖水生高等植物盖度的历年变化

年份		盖度最大点位
2014	春季	BMH－14(100%)、BMH－21(100%)、BMH－23(100%)、BMH－24(100%)
	夏季	BMH－6(100%)、BMH－19(100%)、BMH－20(100%)、BMH－15(100%)、BMH－16(100%)、BMH－23(100%)
2016	春季	BMH－7(95%)、BMH－18(95%)
	夏季	BMH－23(80%)
2017	春季	BMH－9(90%)、BMH－15(100%)
	夏季	BMH－8(100%)
2018	春季	BMH－9(70%)、BMH－15(90%)
	夏季	BMH－10(90%)
2019	春季	BMH－13(95%)、BMH－14(95%)、BMH－21(95%)
	夏季	BMH－9(80%)、BMH－23(90%)
2020	春季	BMH－13(95%)、BMH－14(95%)、BMH－21(95%)
	夏季	BMH－9(80%)、BMH－23(90%)

4　浮游植物群落

浮游植物主要包括蓝藻、绿藻、硅藻、裸藻、隐藻、金藻等门类。浮游植物存在于自然界的各种水体之中，是江河湖海中最基本的初级生产者，由于个体小、生活周期短、繁殖速度快，易受环境中各种因素的影响而在较短周期内发生改变。在水体中，浮游植物和所处环境相统一，因此浮游植物的变化(种类组成、种群动态、生理生化等)可反映出所处环境的改变，而且相对于理化条件而言，其现存量、种类组成和多样性能更好地反映出水体的营养水平。因而浮游植物作为生物学监测指标在水环境评价中得到了广泛的应用。

4.1　种类组成

白马湖生态监测中共计观察到浮游植物 78 属，146 种。其中绿藻门的种类最多，有 24 属 54 种；其次，硅藻门有 15 属 32 种，蓝藻门 21 属 31 种；再次，裸藻门 7 属 14 种，隐藻门有 1 属 4 种，甲藻门 4 属 4 种，金藻门 4 属 5 种，黄藻门 2 属 2 种。不同门类的种属数量详见图 4.1。从不同季节上看，夏季的浮游植物种类最多，为 112 种，其中绿藻门和蓝藻门的种类数分别为 38 和 25；冬季的浮游植物种类最少，为 79 种，其中绿藻门和蓝藻门的种类数分别为 24 和 16。春季、秋季的浮游植物种类分别为 97 和 89 种。

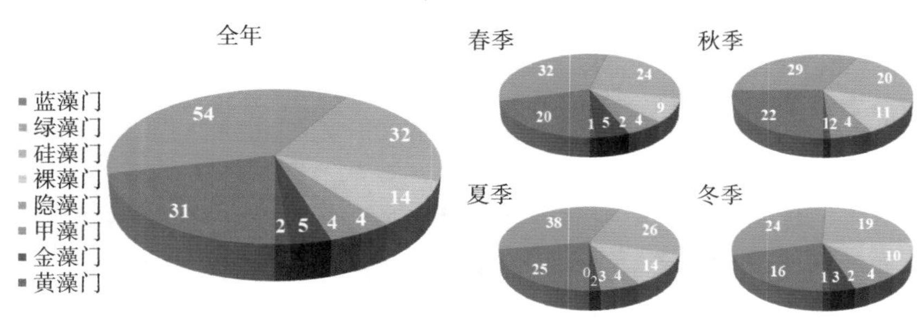

图 4.1　白马湖浮游植物的种类数量

白马湖浮游植物优势种随时间出现明显变化，其中：①白马湖春季浮游植物优势种为湖泊鞘丝藻、假鱼腥藻、小环藻、颗粒直链藻、变异直链藻；②夏季优势种为长孢藻、细小平裂藻、微囊藻、颤藻、假鱼腥藻、颗粒直链藻极狭变种；③秋季的优势种为束丝藻、浮丝藻、泽丝藻、点形平裂藻、假鱼腥藻、颗粒直链藻极狭变种螺旋变形；④冬季浮游植物优势种为密集锥囊藻、小环藻、具星小环藻、变异直链藻、颗粒直链藻、直链藻、啮蚀隐藻、卵形隐藻。

因此，2021 年白马湖浮游植物的优势种，春季以硅藻门为主，夏季和秋季以蓝藻门为主，冬季以硅藻门和隐藻门为主。

4.2 细胞丰度

2021 年白马湖水体浮游植物的细胞丰度的全年均值为 17.61×10^6 cells/L，其中春季的丰度分布在 2.20×10^6 cells/L～24.18×10^6 cells/L 范围中，均值为 6.51×10^6 cells/L；夏季的丰度分布在 8.57×10^6 cells/L～151.59×10^6 cells/L 范围中，均值为 43.62×10^6 cells/L；秋季的丰度分布范围为 3.00×10^6 cells/L～52.37×10^6 cells/L，均值为 16.94×10^6 cells/L；冬季的丰度分布范围为 0.66×10^6 cells/L～7.69×10^6 cells/L，均值为 3.36×10^6 cells/L。如图 4.2 所示，整体上，白马湖夏季和秋季的浮游植物细胞丰度要高于春季和冬季的，其中蓝藻门的丰度占比最高，在夏季接近 90%，在秋季接近 80%。而在春季和冬季，绿藻门和硅藻门的浮游植物占比较高。

因此，通过分析白马湖浮游植物(总体和各个门类)细胞丰度在不同季节、不同空间上的差异性，识别出浮游植物的时空分布特征。如图 4.3 所示，整体上，白马湖浮游植物存在明显的时间变化模式(单因素方差检验：$P<0.001$)，但无明显的空间变化模式。其中夏季和秋季的浮游植物细胞丰度要显著高于春季和冬季的(Tukey HSD 检验：$P<0.05$)。

此外，蓝藻门、绿藻门、硅藻门、裸藻门、隐藻门以及金藻门是白马湖浮游植物群落中的主要类群，其细胞丰度总和超过了总体丰度的 99%。这些类群也展现出与总体细胞丰度相似的时空分布规律。如图 4.4 所示，蓝藻门、绿藻门、裸藻门等浮游植物的丰度在不同季节之间差异显著(单因素方差检验：$P<0.05$)，而在不同空间上差异不明显。其中夏季和秋季的蓝藻门、绿藻门丰度要显著高于其他季节(Tukey HSD 检验：$P<0.05$)。

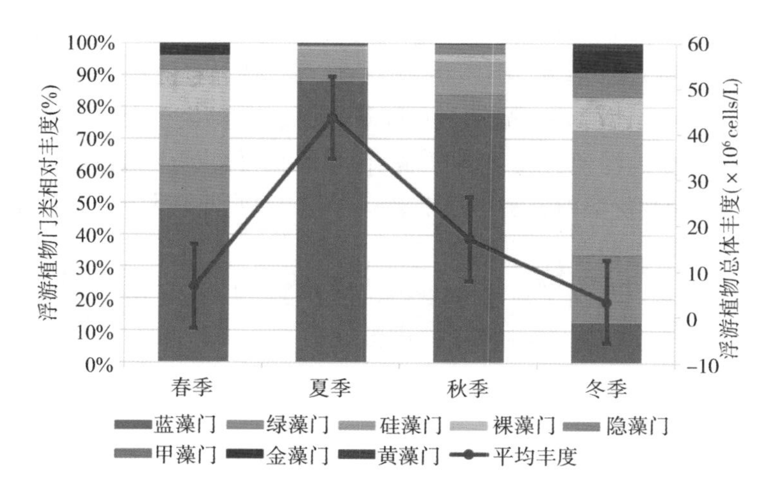

图 4.2　2021 年度白马湖浮游植物细胞丰度的季节变化

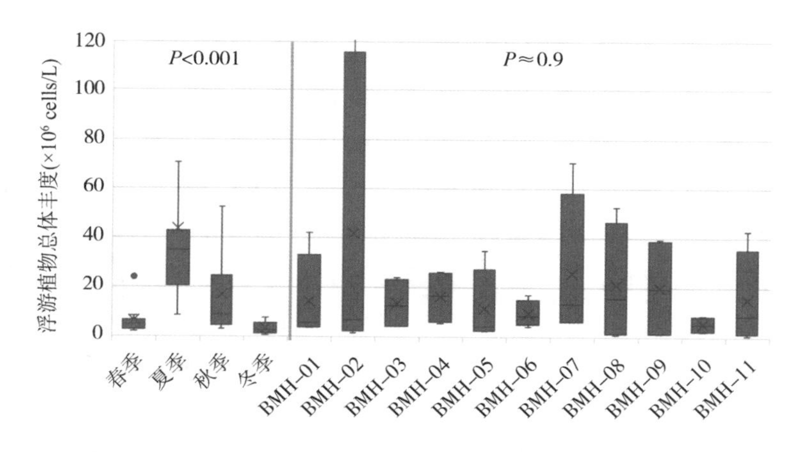

图 4.3　2021 年度白马湖浮游植物总体细胞丰度的时空变化

对比白马湖不同水功能区的浮游植物细胞丰度(图 4.5)，尽管各个水功能区的浮游植物细胞丰度差异不显著(单因素方差检验：$P>0.05$)，但相对来说，

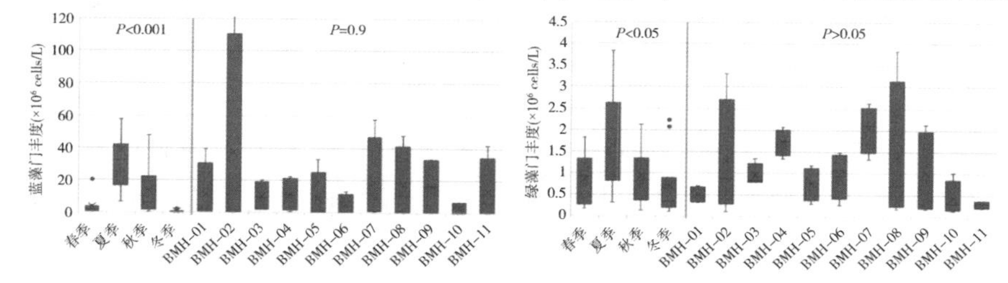

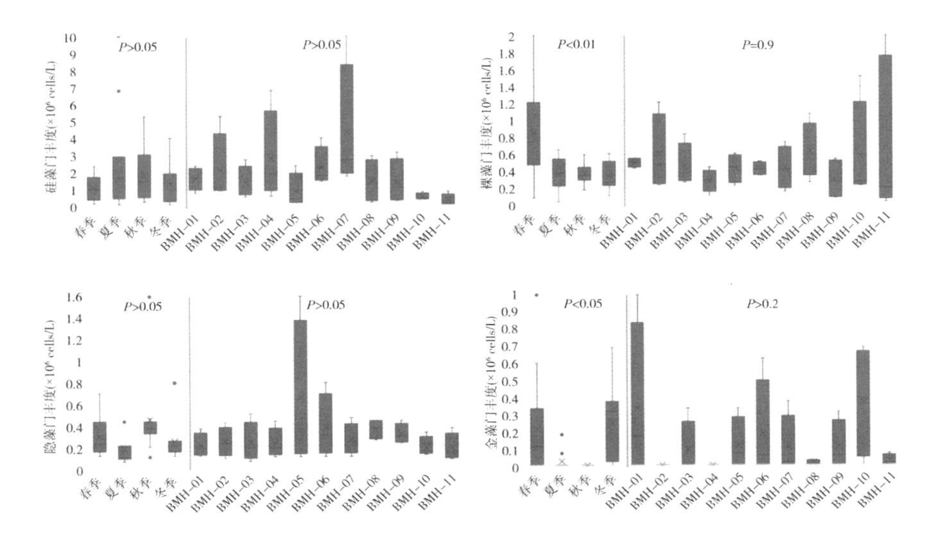

图 4.4　2021 年白马湖主要浮游植物类群丰度的时空变化

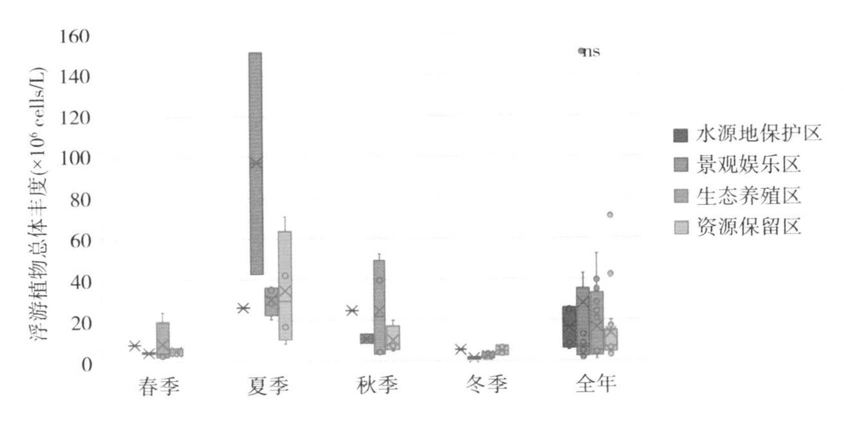

图 4.5　2021 年白马湖不同水功能区的浮游植物丰度变化

夏季景观娱乐区的水体浮游植物细胞丰度均值最高，且监测位点之间的变化幅度最大，冬季和秋季的各个水功能区的丰度差异较小。在全年尺度上，景观娱乐区和生态养殖区的浮游植物丰度较高，变化幅度较大，而水源地保护区和资源保留区的丰度则较低。在各个主要类群中的不同水功能区差异检验上也发现了相类似的趋势，但组间对比结果不显著(数据分析结果未展示)。

4.3 群落多样性

浮游植物可以作为生物指标来指示水质，因为浮游植物的种群结构变化是水环境演变的直接后果之一。由于能迅速响应水体环境变化，且不同浮游植物对有机质和其他污染物敏感性不同，因而可以用藻类群落组成来判断不同水域水质状况和水体健康程度。一般来说，浮游植物的多样性越高，其群落结构越复杂，稳定性越大，水质越好；而当水体受到污染时，敏感型种类消失，多样性降低，群落结构趋于简单，稳定性变差，水质下降。

浮游植物群落的 alpha 多样性采用 Shannon-Wiener 多样性指数和 Pielou 均匀度指数来进行评估，其中：

(1)Shannon-Wiener 多样性指数代表了群落中物种个体出现的不均衡与紊乱程度，从而指出整个群落的多样化水平，计算公式如下：

$$H = -\sum_{i=1}^{n}\left[\left(\frac{n_i}{N}\right)\ln\left(\frac{n_i}{N}\right)\right]$$

式中：

H ——群落的 Shannon-Wiener 多样性指数；

n_i ——浮游植物群落中第 i 个种的个体数目；

N ——浮游植物群落中所有种的个体总数；

n ——浮游植物群落中的种类数。

(2) Pielou 均匀度指数描述的是群落中个体的相对丰富度或所占比例，它反映了物种个体数目在群落中分配的均匀程度，计算公式如下：

$$J_{SW} = \left\{-\sum_{i=1}^{n}\left[\left(\frac{n_i}{N}\right)\ln\left(\frac{n_i}{N}\right)\right]\right\}/\ln n$$

式中：

J_{SW} ——基于 Shannon-Wiener 指数计算的 Pielou 均匀度指数；

n_i ——浮游植物群落中第 i 个种的个体数目；

N ——浮游植物群落中所有种的个体总数；

n ——浮游植物群落中的种类数。

基于以上计算公式，白马湖浮游植物群落的 Shannon-Wiener 多样性指数与 Pielou 均匀度指数计算结果如下所示。

2021 年白马湖浮游植物群落的 Shannon-Wiener 多样性指数分布在 0.64～3.22 之间(图 4.6)，均值为 2.22，其中春季多样性最高，均值达到 2.56，夏季的最低，均值只有 1.70。浮游植物群落的 Shannon-Wiener 多样性指数存在显著的季节差异(单因素方差检验：$P<0.001$)，但在不同湖区之间差异不显著。

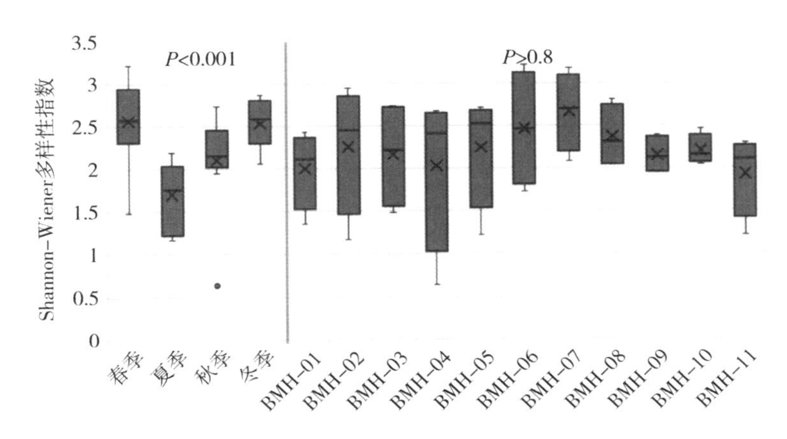

图 4.6　2021 年白马湖浮游植物群落 Shannon-Wiener 多样性指数时空变化

相对来说，不同湖区之间的浮游植物群落多样性差异不大，大体可以看出北部湖区的群落多样性在时间上变化幅度较大，而南部湖区的则变化较小。从不同水功能区上对比可知(图 4.7)，2021 年秋季水源地保护区的群落 Shannon-Wiener 多样性要显著低于其他水功能区(Tukey HSD 检验：$P<0.05$)，而在其他季节和全年尺度上，不同水功能区之间的群落多样性差异不显著。

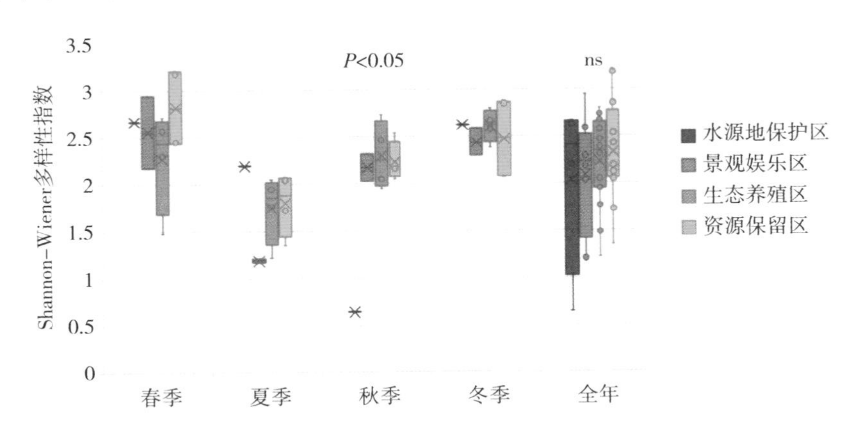

图 4.7　2021 年白马湖不同水功能区的浮游植物群落 Shannon-Wiener 多样性指数的差异

2021 年白马湖浮游植物群落的 Pielou 均匀度指数分布在 0.20～0.88 之间(图 4.8),均值为 0.64,其中春季和冬季的均匀度高于夏季和秋季,夏季的最低,均值只有 0.46。浮游植物群落的 Pielou 均匀度指数存在显著的季节差异(单因素方差检验:$P<0.001$),但在不同湖区之间差异不显著。

从不同水功能区上进行对比(图 4.9),秋季的水源地保护区的群落 Pielou 均匀度要显著低于其他水功能区(Tukey HSD 检验:$P<0.05$),而在其他季节和全年尺度上,不同水功能区之间的群落多样性差异不显著。

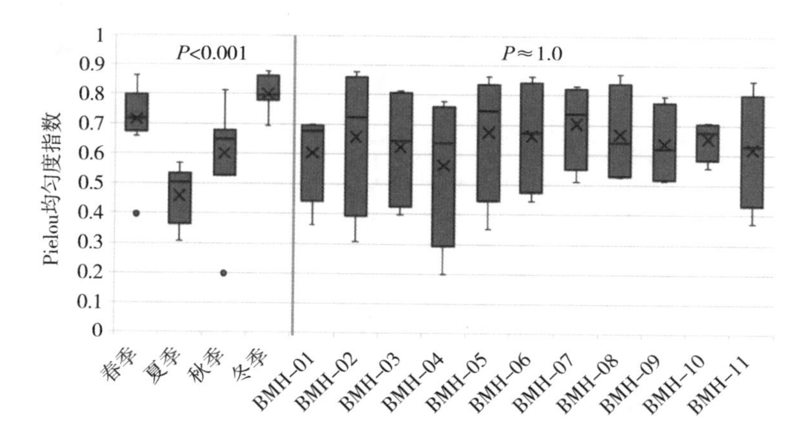

图 4.8　2021 年白马湖浮游植物群落 Pielou 均匀度指数时空变化

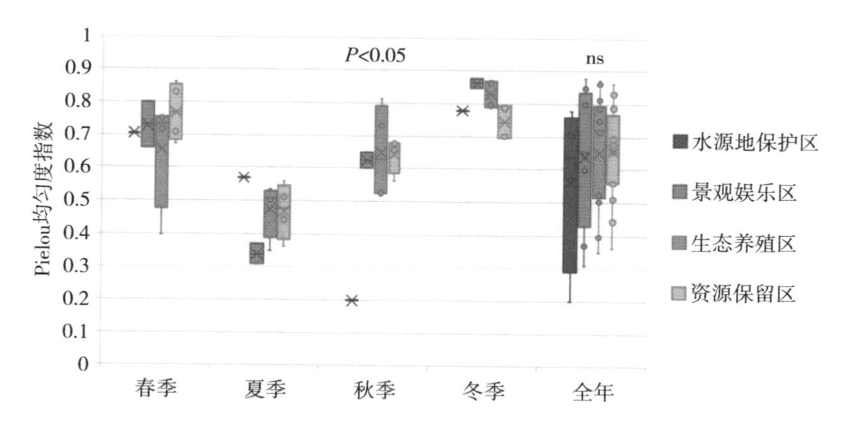

图 4.9　2021 年白马湖不同水功能区的浮游植物群落 Pielou 均匀度指数的差异

上述两种 alpha 多样性指数的分析结果显示,白马湖夏季的浮游植物群落多样性要显著低于其他季节,在不同湖区、水功能区之间群落多样性的差异不大,但在秋季水源地保护区的群落多样性要显著低于其他区域。这些结果说明夏季的藻类大量繁殖,物种丰度很高,但多样性程度较低,很大程度上是由于单一藻类(如蓝藻门类群)的超量增殖导致的。因此,白马湖夏季藻类的大量繁殖和季节上的演变过程将对白马湖的水质安全有重要影响,需要在后续监测中更加关注。

考虑到浮游植物种类在不同类群、不同样点之间存在的数量级差异,丰度数据基于 log 转化之后采用 Bray-Curtis 相似性距离矩阵来衡量其 beta 多样性水平。层级聚类结果(图 4.10)显示:四个季节各 11 个监测位点识别出的 44 份浮游植物群落在 beta 多样性水平分为主要的两个聚类子集,其中春季和冬季的聚类在一起,夏季和秋季的聚类在一起。这也就意味着在群落组成上,春季和冬季的浮游植物群落更相似,而夏季和秋季的浮游植物群落组成更相似。

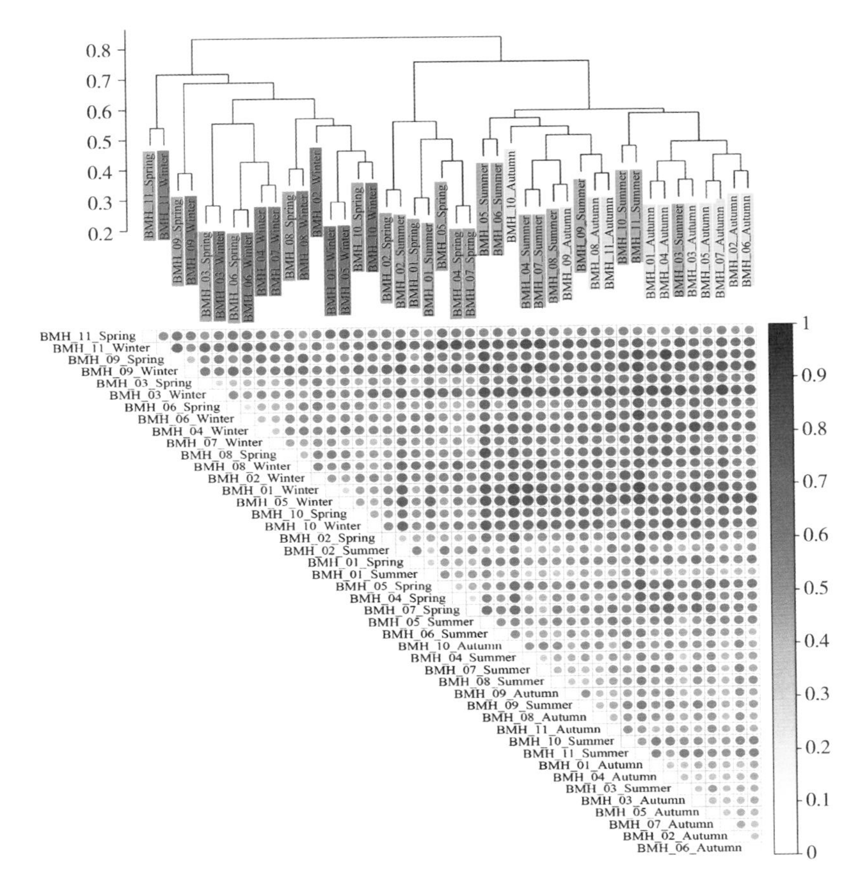

图 4.10　2021 年白马湖浮游植物群落 beta 多样性的层级聚类结果

因此，通过降维的非度量多维尺度分析(NMDS)来进一步识别浮游植物群落在各个分组之间的组成相似度以及差异性。从图 4.11 中可以看出，降维后的 Bray-Curtis 相似性距离矩阵在坐标轴上指出浮游植物群落在监测的时空上更趋近于按照不同季节聚类从而发生隔离。其中春季和冬季的浮游植物群落相对聚集，且两组之间存在一定的隔离趋势，而夏季和秋季的浮游植物群落相对聚集，且两组之间存在一定的隔离趋势。而不同水功能区的浮游植物群落并未呈现出相互隔离的情况。此外，从坐标轴上各个样点的聚类程度看，夏季和秋季的浮游植物群落其内部相似度较高，向中心靠拢；而春季和冬季的则相反，很大一部分冬季的样点与春季样点更加靠拢。

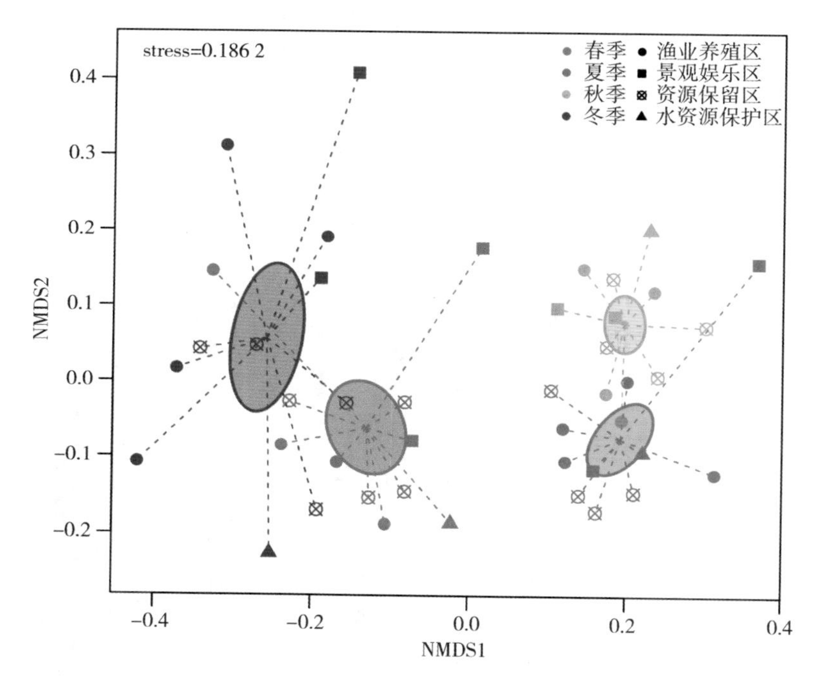

图 4.11　白马湖浮游植物群落 beta 多样性的 NMDS 图

继而，通过组间的相似度分析(ANOSIM 分析与 PERMANOVA 分析)对不同季节、不同水功能区之间的两两组间差异性进行显著性检验，结果如表 4.1 所示。从表中可以看出，ANOSIM 分析与 PERMANOVA 分析都揭示出浮游植物群落在不同季节组之间存在显著性的差异结果(ANOSIM 分析：$P<0.01$；PERMANOVA 分析：$P=0.001$)，但在不同水功能区之间的差异不显著。并且，春季和冬季的差异性在检验数据上要低于其他两两组间的结果，也进一步说明了

上述 NMDS 的分析结果。

表 4.1 白马湖浮游植物群落的组内两两比较

		ANOSIM 分析		PERMANOVA 分析		
		R	*P*	F. model	R^2	*Pr*(>F)
所有季节组		0.617 7	0.001	7.014 8	0.344 7	0.001
春季	夏季	0.610 1	0.001	6.014 1	0.231 2	0.001
春季	秋季	0.863 7	0.001	9.165 4	0.314 3	0.001
春季	冬季	0.239 2	0.002	2.712 2	0.119 4	0.001
夏季	秋季	0.316 8	0.001	2.765 1	0.121 5	0.001
夏季	冬季	0.903 1	0.001	10.471 5	0.343 6	0.001
秋季	冬季	0.901 6	0.001	10.759 2	0.349 8	0.001
水功能区组		0.036 6	0.214	1.197 2	0.082 4	0.188
水资源保护区	渔业养殖区	0.006 4	0.432	1.142 7	0.059 7	0.315
水资源保护区	景观娱乐区	−0.031 3	0.521	0.948 2	0.086 6	0.462
水资源保护区	资源保留区	0.037 7	0.348	0.780 7	0.041 6	0.607
渔业养殖区	景观娱乐区	−0.015 0	0.499	1.098 8	0.047 6	0.328
渔业养殖区	资源保留区	0.031 5	0.185	1.394 3	0.044 4	0.166
景观娱乐区	资源保留区	0.132 9	0.078	1.560 1	0.066 2	0.101

总之，上述结果说明白马湖浮游植物群落多样性以不同季节之间的差异为主要特征，在不同水功能区之间差异较小。这也就说明，白马湖湖区整体上水系连通性较好，水功能区之间的空间隔离程度较弱，浮游植物群落在整个湖区水体中分散均匀，群落的空间差异性较低。

4.4 环境影响因子

基于对浮游植物细胞丰度、群落多样性的时空分布、组间差异的分析结果，结合环境因子进行相关性、约束排序分析，识别出白马湖浮游植物群落组成及变异的关键驱动因子。

对浮游植物细胞丰度、主要门类相对丰度、群落 alpha 多样性进行 Spearman 相关性检验，并通过层级聚类的热图进行展示，结果如图4.12所示。从图中可以看到，浮游植物总体丰度主要与电导率、浊度、叶绿素 a、高锰酸盐指数、氨氮等呈显著正相关关系，但与溶解氧、总氮、氮磷比呈显著负相关关系；与此同时，占优势丰度的蓝藻门丰度及其相对丰度也呈现出与总体丰度相一致的结果。相比之下，低丰度的浮游植物类群，如金藻门、黄藻门，其丰度与相对丰度则与电导率、浊度、叶绿素 a、高锰酸盐指数、氨氮呈显著的负相关关系，但与溶解氧、总氮、氮磷比呈显著正相关关系。这一结果揭示出浮游植物类群中优势种门与非优势种门的不同环境因子影响过程。

此外，浮游植物群落 alpha 多样性指数与环境因子之间则表现为与溶解氧、总氮、氮磷比的显著正相关关系，与水温、电导率、高锰酸盐指数的显著负相关关系。从这一结论出发，大致可以推断，溶解氧、总氮、氮磷比等因子会促进低丰度类群的生长，从而提高浮游植物群落的多样性水平；但电导率、高锰酸盐指数的增加则预示着优势类群的丰度提高，从而降低整个类群的多样性程度。因此，在考虑对浮游植物群落调控的过程中，特别是控制蓝藻门丰度的要求下，监测水体的溶解氧、总氮、氮磷比、电导率、高锰酸盐指数是相对有效的途径。

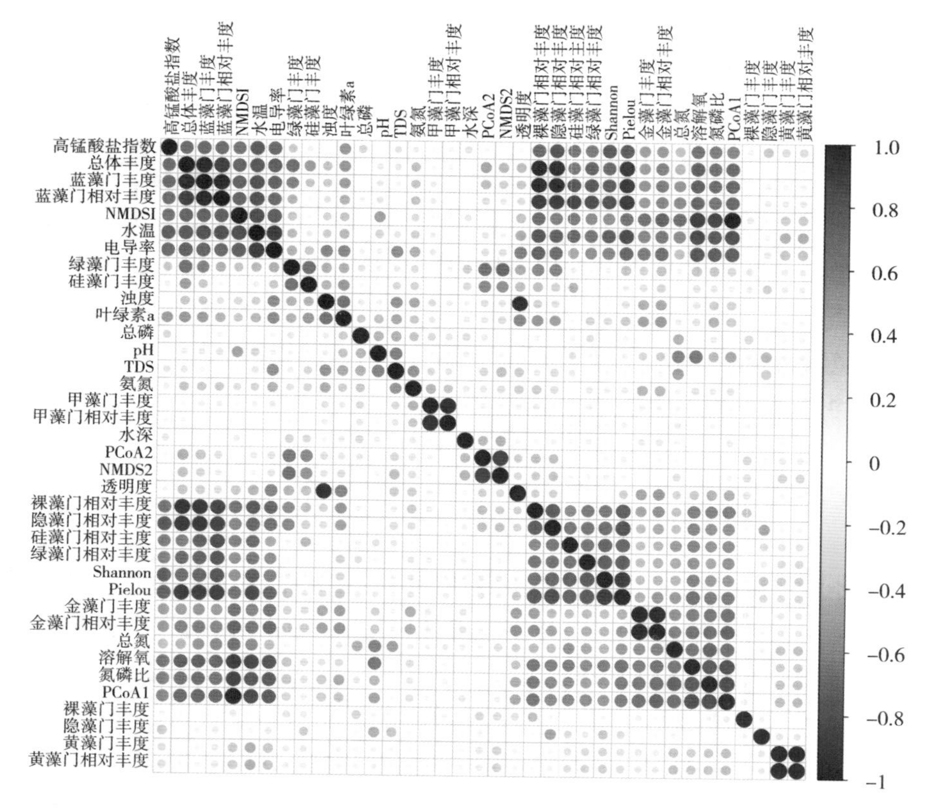

图 4.12　白马湖浮游植物群落多样性与环境因子相关性检验

采用基于分解 Bray-Curtis 相似性距离矩阵的环境因子冗余分析(dbRDA 分析),可以判断影响浮游植物群落结构的主要影响因子。如图 4.13 所示,dbRDA 的前两个坐标轴共同解释了 dbRDA 距离空间的 65.6%,各个季节上监测位点的浮游植物群落样点在坐标轴上的分布趋势与 NMDS 相一致,即样点按照季节聚类并相互分离,样点在不同水功能区之间无相对隔离的特征。环境因子在坐标轴上的排序结果显示:除去总磷、氨氮、矿化度,大部分因子与坐标轴有显著的相关性(envfit 检验:$P<0.05$),其中透明度、pH、溶解氧、总氮、氮磷比指向低丰度的春季、冬季样点,而浊度、水温、电导率、叶绿素 a 等指向高丰度的夏季、秋季样点。因此,上述的这些水体理化指标指征了浮游植物在不同季节之间演替的主要驱动作用,即在冬春季和夏秋季,浮游植物群落受到不同的环境因子驱动。

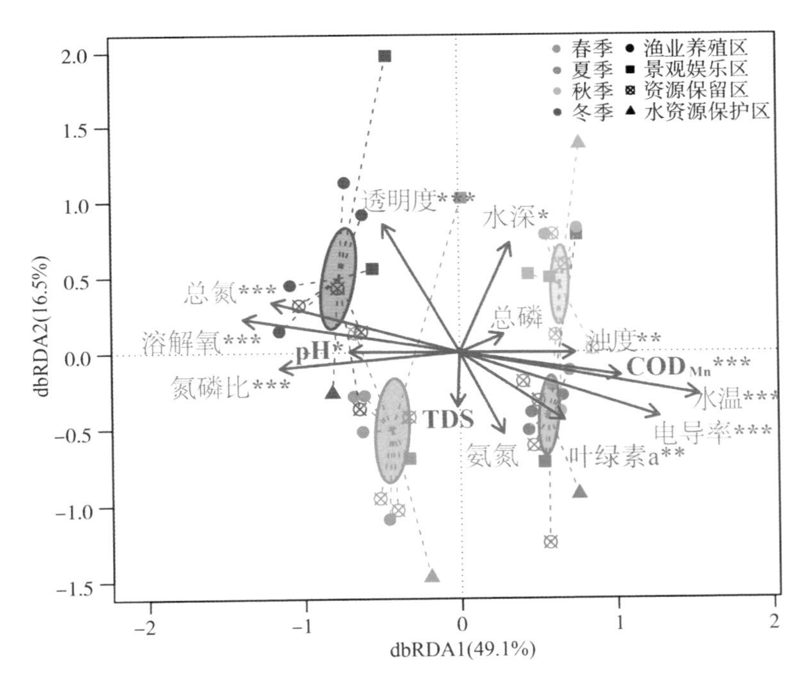

图 4.13 白马湖浮游植物群落结构的 dbRDA 分析

此外,我们采用了 PERMANOVA 检验分析了不同水体理化因子与 dbRDA 坐标轴的相关关系,一定程度上代表了环境因子的影响程度。如表 4.2 所示,在剔除年内水温、水深和透明度的影响之后,溶解氧、电导率、pH 是最主要的影响因素,很可能是驱动浮游植物群落变异的关键因子,矿化度、浊度以及营养盐中的氮磷比也是相对重要的影响因素。但总体上,这些因子只能解释 46%的群落变异性,表明这些因子对于判断和预测浮游植物群落变化仍存在较大不确定性。

表 4.2　白马湖浮游植物群落 dbRDA 的环境因子 PERMANOVA 检验

	PERMANOVA 检验		
	R^2	F. model	$Pr(>F)$
pH	0.067 7	4.143 3	0.001 0
溶解氧含量(mg/L)	0.172 7	10.569 2	0.001 0
电导率(μS/cm)	0.179 6	10.928 5	0.001 0
矿化度 TDS(mg/L)	0.046 0	2.801 4	0.008 0
浊度(NTU)	0.033 5	2.037 2	0.034 0
叶绿素 a(mg/L)	0.019 5	1.186 8	0.274 0
高锰酸盐指数(mg/L)	0.023 9	1.457 2	0.125 0
氨氮(mg/L)	0.024 6	1.499 3	0.118 0
总氮(mg/L)	0.017 5	1.064 3	0.359 0
总磷(mg/L)	0.013 7	0.830 9	0.617 0
氮磷比	0.031 8	1.936 9	0.041 0

4.5　历史变化趋势

白马湖近几年来浮游植物种类数量的变化情况如图 4.14 所示。整体上，浮游植物种类呈上升趋势，2016 年和 2018 年浮游植物种类数量较上一统计年度存在小幅减小，而 2019 年和 2020 年浮游植物种类显著增加。其中绿藻门、硅藻门、隐藻门等浮游植物的种类数量差异不明显，蓝藻门、裸藻门、金藻门等浮游植物的种类数量呈逐年上升趋势。

总结历年来浮游植物的调查数据，得到白马湖近几年来浮游植物细胞丰度的变化情况(图 4.15)。整体上，2014 年到 2021 年期间，浮游植物细胞丰度呈现出上升趋势，其中 2019 年度浮游植物细胞丰度达到最高，2020 年度细胞丰度较 2019 年度略低。在年内，夏季和秋季的浮游植物细胞丰度显著高于春季和冬季的，且也呈现出上升趋势，分别在 2019 年和 2018 年达到最高值。

总结历年来浮游植物的调查数据，得到白马湖近几年来浮游植物群落 alpha 多样性指数(Shannon-Wiener 多样性指数和 Pielou 均匀度指数)的变化情况(图 4.16)。从图中可以看出，浮游植物群落 alpha 多样性指数呈现出先升高后降低的变化过程，最高值出现在 2017 年，随后在 2018 到 2021 年期间表现出相近的趋势。

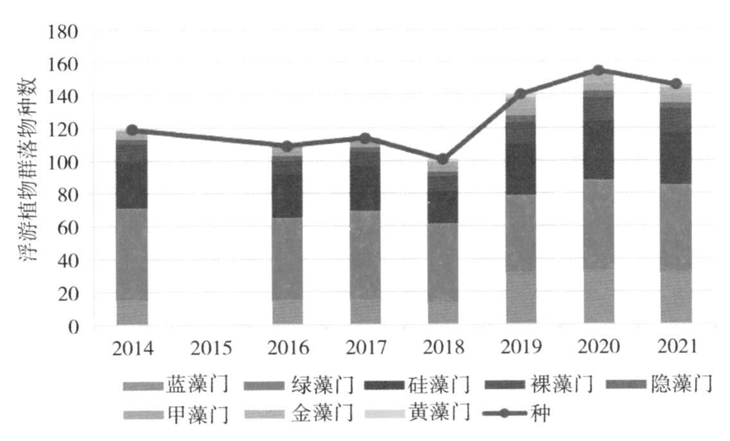

图 4.14　白马湖浮游植物种类数量的历年变化

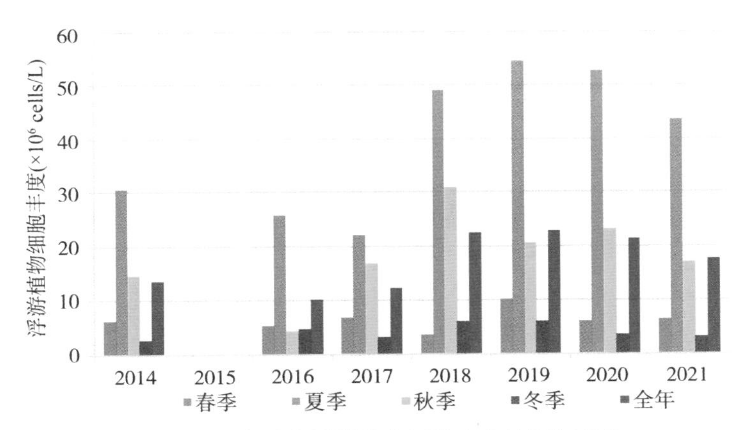

图 4.15　白马湖浮游植物细胞丰度的历年变化

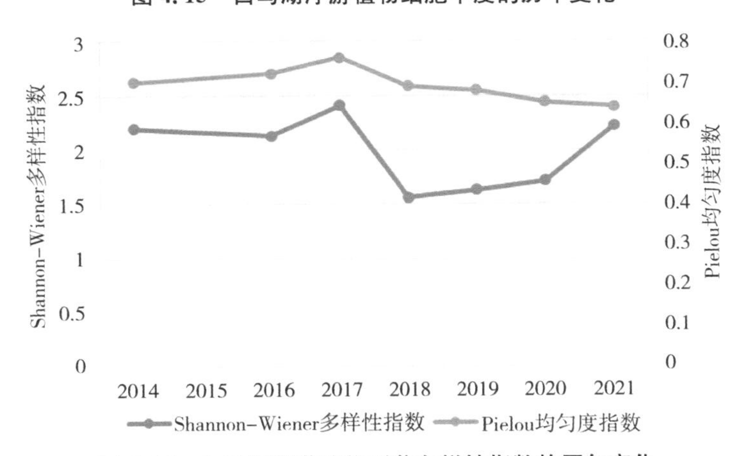

图 4.16　白马湖浮游植物群落多样性指数的历年变化

5 浮游动物群落

水体的浮游动物由原生动物、轮虫、枝角类和桡足类四大类组成。它们是鱼类的天然饲料，是一类可供人们开发利用的水产资源，同时湖泊、水库内的浮游动物在生态环境食物链上也起一定的作用。它们的种类组成、数量多少还可以用于表征湖泊水库的营养状况。因此在湖库的生态环境及其水环境富营养化研究中，开展浮游动物的监测工作是非常重要的。

5.1 种类组成

2021 年白马湖浮游动物共计鉴定出种类 73 种(含桡足类的无节幼体和桡足幼体)，其中原生动物 32 种，占总种类的 43.84%；轮虫 29 种，占 39.73%；枝角类 6 种，占 8.22%；桡足类 6 种，占 8.22%。详见图 5.1。

从不同季节上看，春季和夏季的浮游动物群落以轮虫为主，而秋季和冬季的原生动物数量增大，是浮游动物群落的优势类群。

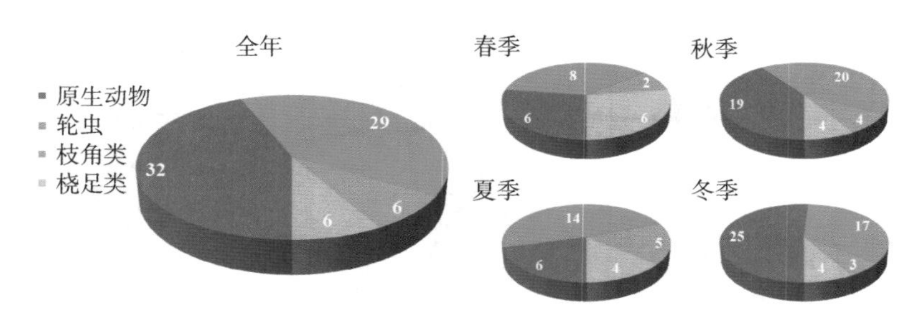

图 5.1　白马湖浮游动物的种类数量

浮游动物周年行踪可见的种类是不多的，大多数浮游动物属于季生性种类、普生性种类。白马湖中的浮游动物群落中的优势种有原生动物：侠盗虫、长筒拟铃壳虫；轮虫：螺形龟甲轮虫、针簇多肢轮虫；枝角类：简弧象鼻溞；桡足类：广布中剑水蚤。此外，还有无节幼体和桡足幼体。

5.2 密度和生物量

2021 年白马湖水体中浮游动物的密度分布在 320～8 845 ind./L 范围之间，均值为 3 078 ind./L。其中春季的浮游动物密度最低，均值为 1 446 ind./L，冬季的浮游动物密度最高，均值为 5 229 ind./L。随季节的变化，浮游动物的密度呈逐季度上升的趋势(图 5.2)。

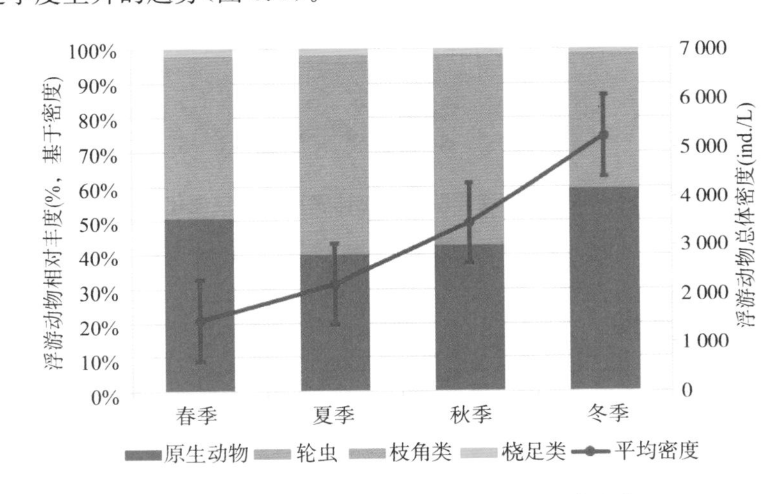

图 5.2 白马湖浮游动物密度分布的季节变化

基于密度数据结果，白马湖水体中浮游动物的优势类群是原生动物和轮虫，它们在四个季节中都占据了群落总体密度的 95%以上，而枝角类和桡足类的数量较少，密度占比也相对较低，只在夏季达到最高，占 3.95%。

分析 2021 年白马湖浮游动物(总体和各个主要类群)物种密度在不同季节、不同空间上的差异性，识别出浮游动物的时空分布特征。如图 5.3 所示，整体上，白马湖浮游动物存在明显的时间变化模式(单因素方差检验：$P<0.001$)，但无明显的空间变化模式。其中秋季和冬季的浮游动物细胞丰度要显著高于春季和夏季的(Tukey HSD 检验：$P<0.05$)。

此外，原生动物、轮虫类群是白马湖浮游动物群落中占数量优势的类群，这些类群也展现出与总体物种密度相似的时空分布规律。如图 5.4 所示，原生动物、轮虫等浮游动物的密度在不同季节之间差异显著(单因素方差检验：$P<0.05$)，而在不同空间上差异不明显。但桡足类的分布特征与此相反，桡足类的浮游动物在空间上分布差异显著，而在不同季节之间差异不显著。冬季的原生

动物、轮虫、桡足类的密度要相对较高，而夏季的枝角类的密度则相对较高。

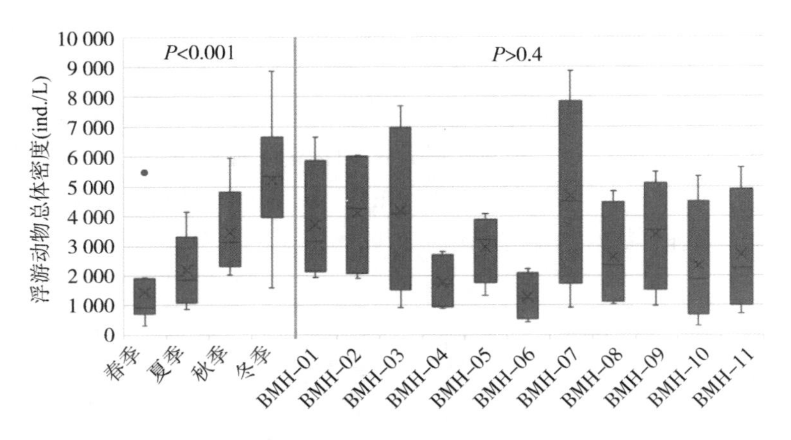

图 5.3　白马湖浮游动物总体密度的时空变化

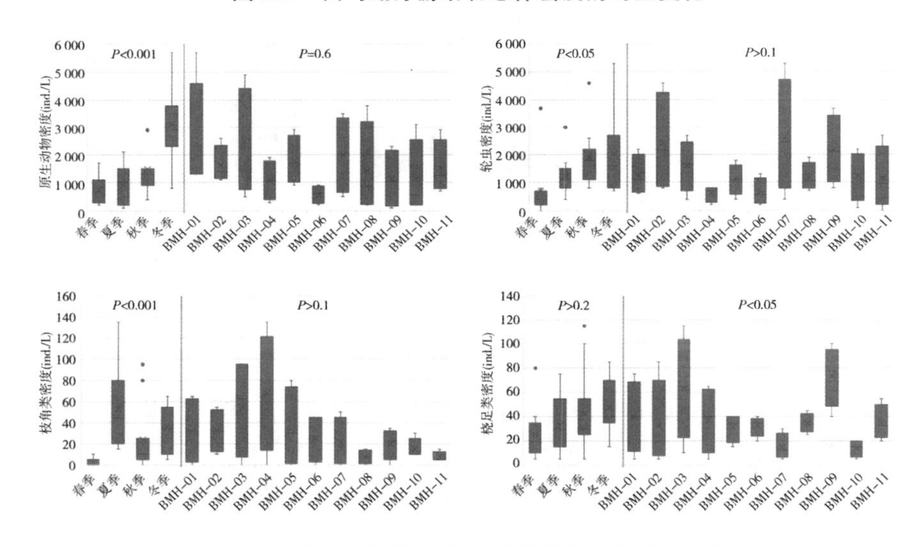

图 5.4　白马湖浮游动物主要类群密度的时空变化

对比白马湖不同水功能区的浮游动物密度分布(图 5.5)，尽管各个水功能区的浮游动物的密度差异不显著(单因素方差检验：$P>0.05$)，但相对来说，在各个季节和全年尺度上，景观娱乐区、生态养殖区以及资源保留区的浮游动物总体密度要相对高于水源地保护区的。在原生动物、轮虫等浮游动物的密度变化中也观测到相似的变化趋势，但本年度的监测资料显示，它们在不同水功能区之间的组间对比不显著(数据分析结果未展示)。

在此基础上，分别计算出各类浮游动物类群的生物量，分析出白马湖浮游动

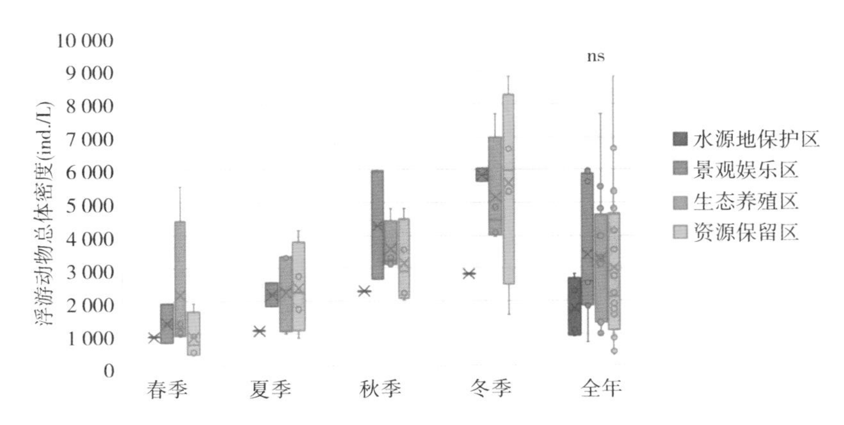

图 5.5　2021 年白马湖不同水功能区的浮游动物密度变化

物(总体和各个主要类群)物种生物量在不同季节、不同空间上的差异性,识别出浮游动物生物量的时空分布特征。

2021 年白马湖水体中浮游动物的生物量分布在 0.066 8～10.00 mg/L 范围之间,均值为 2.88 mg/L。其中春季的浮游动物生物量最低,均值为 1.53 mg/L,秋季的生物量最高,均值为 4.35 mg/L(图 5.6)。

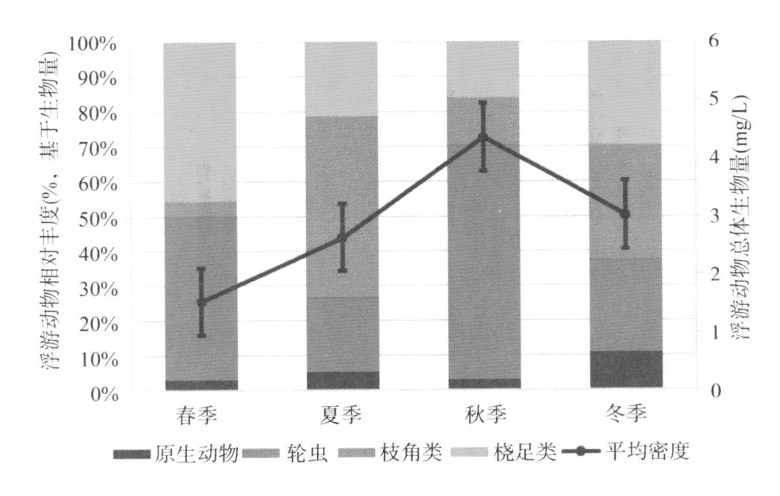

图 5.6　2021 年白马湖浮游动物生物量分布的季节变化

整体上,白马湖浮游动物的生物量存在明显的时间变化模式(单因素方差检验:$P<0.05$),秋季的生物量最高,且显著高于其他三个季节的,但无明显的空间变化模式(如图 5.7 所示)。

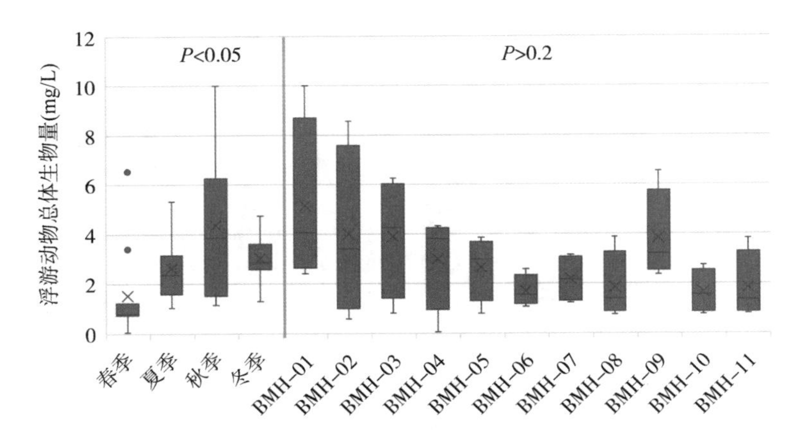

图 5.7　2021 年白马湖浮游动物总体生物量的时空变化

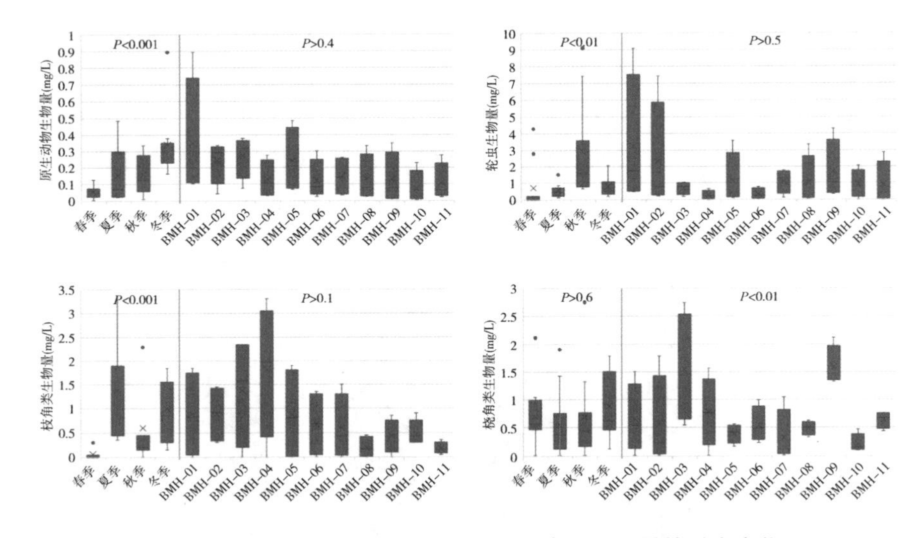

图 5.8　2021 年白马湖浮游动物主要类群生物量的时空变化

与密度分布相反的是，轮虫、枝角类、桡足类的类群是白马湖浮游动物群落中占生物量优势的类群(图 5.6)，这些类群所展现出的时空分布规律很大程度上决定了浮游动物群落总体生物量的变化特征。如图 5.8 所示，原生动物、轮虫、枝角类在不同季节之间存在显著性差异(单因素方差检验：$P<0.05$)，其中轮虫在秋季的生物量最高，而枝角类在夏季的生物量最高。桡足类的生物量分布特征与其他类群相反，在不同季节之间差异不显著，但在空间上差异性显著(单因素方差检验：$P<0.05$)，其中，白马湖北部湖区的桡足类生物量在均值和变化幅度上要明显高于南部湖区的。

对比白马湖不同水功能区的浮游动物生物量分布(图 5.9),尽管在 2021 年全年尺度上各个水功能区的浮游动物的生物量差异不显著(单因素方差检验:$P>0.05$),但春季的水源地保护区的浮游动物生物量要相对低于其他水功能区的;而在夏季,水源地保护的生物量则相对高于其他水功能区。此外,在原生动物、轮虫等浮游动物的生物量变化中也观测到相似的变化趋势,但本年度的监测资料显示,它们在不同水功能区之间的组间对比不显著(数据分析结果未展示)。

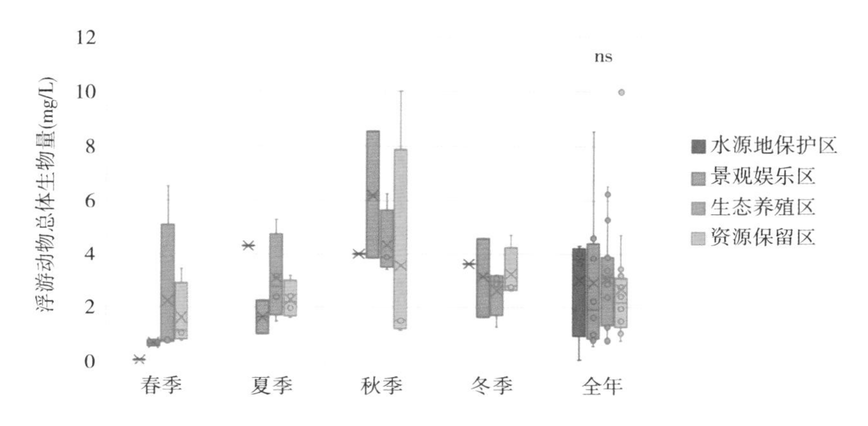

图 5.9　2021 年白马湖不同水功能区的浮游动物生物量变化

5.3　群落多样性

与浮游植物一样,我们采用 Shannon-Wiener 多样性指数和 Pielou 均匀度指数来评估浮游动物群落的 alpha 多样性。通过公式计算,白马湖浮游动物群落的 Shannon-Wiener 多样性指数与 Pielou 均匀度指数计算结果如下所示。

白马湖浮游动物群落的 Shannon-Wiener 多样性指数分布在 0.58～2.63 之间(图 5.10),均值为 1.91,其中秋季多样性最高,均值达到 2.33;冬季次之,均值有 2.24;春季和夏季的较低,均值只有 1.54。浮游动物群落的 Shannon-Wiener 多样性指数存在显著的季节差异(单因素方差检验:$P<0.001$),但在不同水功能区之间差异不显著。

相对来说,不同水功能区之间的浮游动物群落多样性差异不大。从不同水功能区上对比可知(图 5.11),2021 年秋季和冬季的水源地保护区的群落 Shannon-Wiener 多样性要显著低于其他水功能区的(Tukey HSD 检验:$P<0.05$);而在夏季,水源地保护区的多样性要相对高于其他水功能区的。

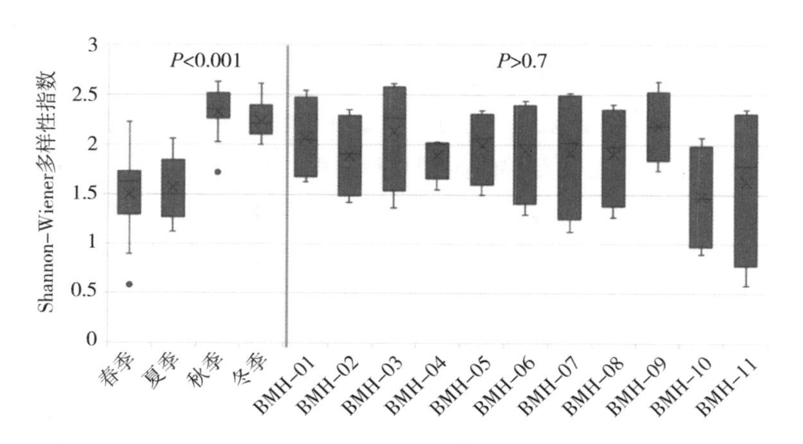

图 5.10　2021 年白马湖浮游动物群落 Shannon-Wiener 多样性时空变化

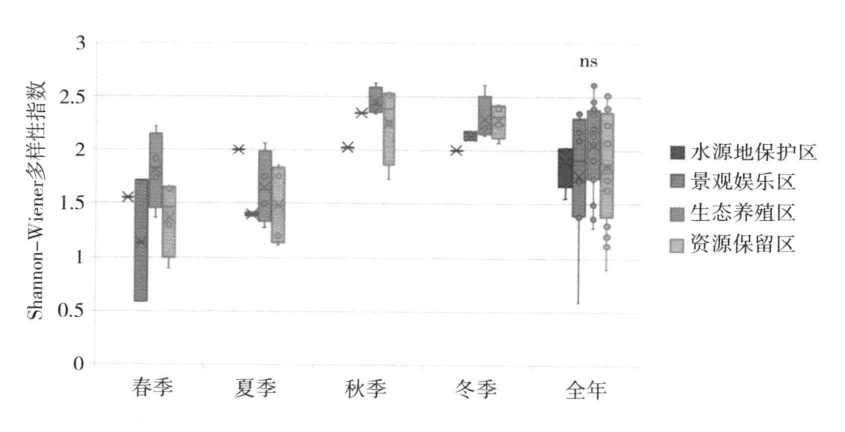

图 5.11　2021 年白马湖不同水功能区的浮游动物群落 Shannon-Wiener 多样性指数的差异

2021 年白马湖浮游动物群落的 Pielou 均匀度指数分布在 0.36～0.92 之间（图 5.12），均值为 0.75，其中秋季的均匀度最高，均值为 0.82；春季和冬季次之，均值分别达到 0.73 和 0.79；夏季的最低，均值只有 0.67。浮游动物群落的 Pielou 均匀度指数存在显著的季节差异（单因素方差检验：$P<0.001$），但在不同湖区之间差异不显著。

从不同水功能区上进行对比（图 5.13），2021 年秋季的水源地保护区的群落 Pielou 均匀度要显著低于其他水功能区的（Tukey HSD 检验：$P<0.05$），而春季和夏季的水源地保护区的群落均匀度要显著高于其他水功能区的。

上述两种 alpha 多样性指数的分析结果显示，白马湖水体中浮游动物群落存在着明显的季节分布格局，从多样性角度观察，秋冬季节的浮游动物群落多样

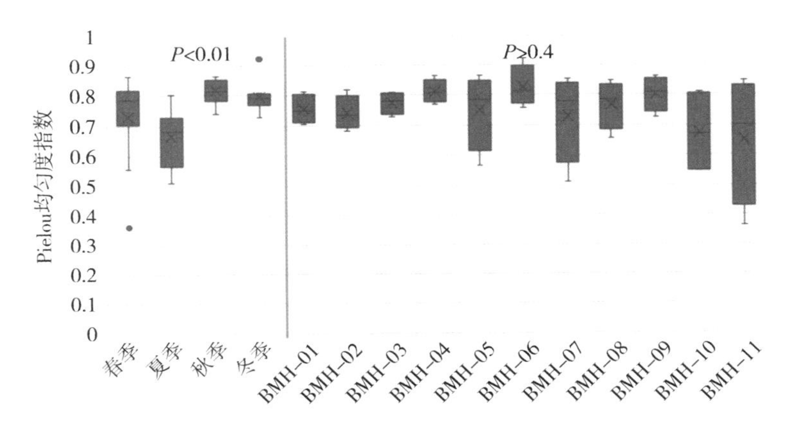

图 5.12　2021 年白马湖浮游动物群落 Pielou 均匀度指数时空变化

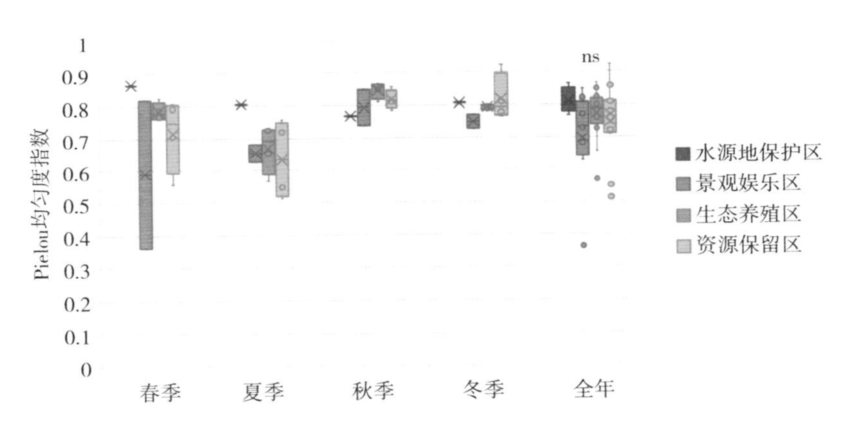

图 5.13　2021 年白马湖不同水功能区的浮游动物群落 Pielou 均匀度指数的差异

化程度更高,而在冬春季节其群落均匀度水平增大。夏季的群落多样性和均匀度都要显著低于其他季节的。这样的结果与浮游植物相似,表明夏季藻类的大量繁殖很可能会影响水体中其他微型生物的生存与繁殖,从而改变它们的群落多样性水平。因此,需要在后续监测中更加关注白马湖夏季藻类的大量繁殖和季节上的演变过程。

与浮游植物群落相似,考虑到浮游动物种类在不同类群、不同样点之间存在的数量级差异,丰度数据在基于 log 转化之后采用 Jaccard 相似性距离矩阵来衡量其 beta 多样性水平。层级聚类结果(图 5.14)显示:浮游动物群落基于 Jaccard 相似性距离矩阵呈现出两个主要聚类子集,其中大部分的春季和夏季浮游动物群落聚类在一起,而大部分的秋季和冬季浮游动物群落聚类在一起。在聚类水平上，浮游动物群落的差异格局与浮游植物群落的相似，但不完全一致。

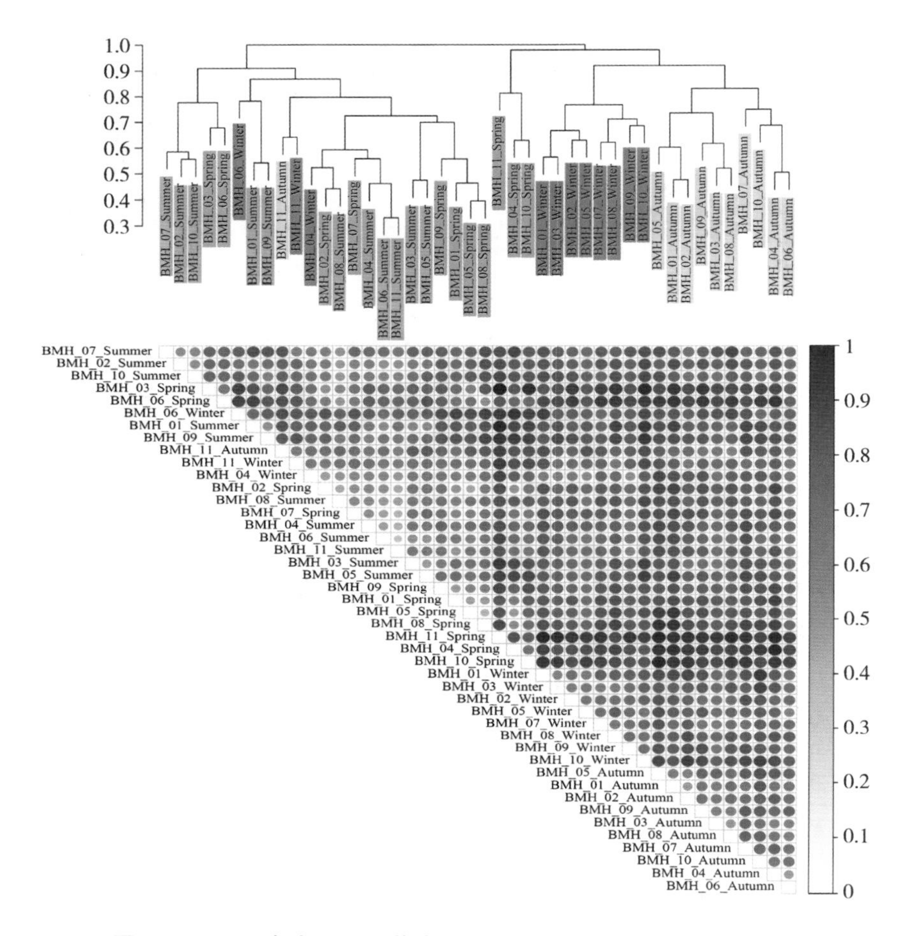

图 5.14　2021 年白马湖浮游动物群落 beta 多样性的层级聚类结果

通过降维的非度量多维尺度分析(NMDS)来进一步识别浮游动物群落在各个分组之间的组成相似度以及差异性。从图 5.15 中可以看出，降维后的 Jaccard 相似性距离矩阵在坐标轴上指出浮游动物群落在监测的时空上更趋近于按照不同季节聚类从而发生隔离。其中每个季节的浮游动物群落样点都发生相互聚集的趋势，且不同组之间存在一定的隔离。与浮游植物群落类似，不同水功能区的浮游动物群落并未呈现出相互隔离的情况。此外，从坐标轴上各个样点的聚类程度上看，夏季和秋季的浮游动物群落其内部相似度较高，向中心靠拢；而春季和冬季的则相反，一部分春季和冬季的样点与其他季节的样点更加靠拢。

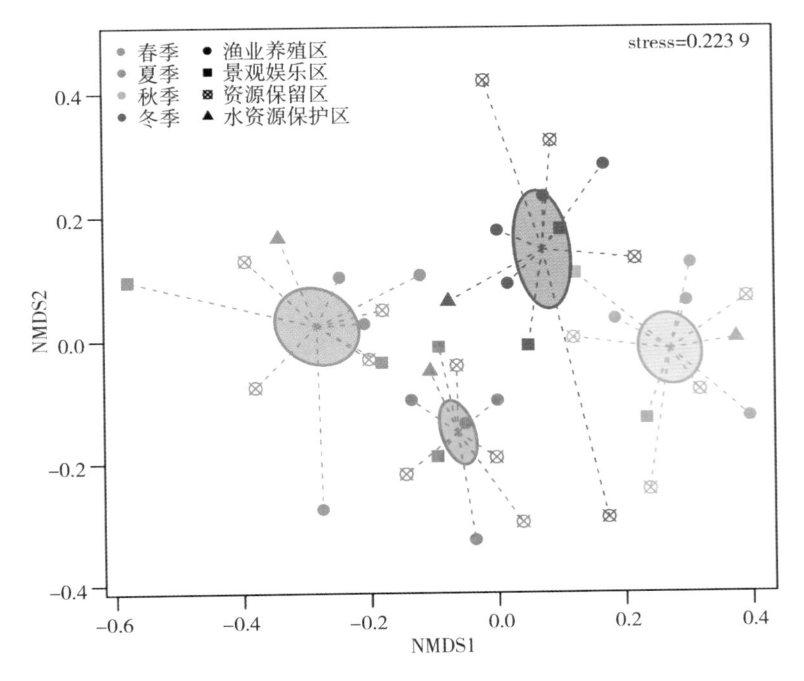

图 5.15 2021 年白马湖浮游动物群落 beta 多样性的 NMDS 图

继而，通过组间的相似度分析(ANOSIM 分析与 PERMANOVA 分析)对不同季节、不同水功能区之间的两两组间差异性进行显著性检验，结果如表 5.1 所示。从表中可以看出，ANOSIM 分析与 PERMANOVA 分析都揭示出浮游动物群落在不同季节组之间存在显著性的差异结果(ANOSIM 分析：$P=<0.01$；PERMANOVA 分析：$P=0.001$)，但在不同水功能区之间的差异不显著。并且，春季和夏季的差异性、秋季和冬季的差异性在检验数据上要低于其他两两组间的差异性，这些结果补充证明了 NMDS 分析中的结果，并进一步说明春季和夏季、秋季和冬季的浮游动物群落存在一定的相似性。

表 5.1 白马湖浮游动物群落的组内两两比较

		ANOSIM 分析		PERMANOVA 分析		
		R	P	F. model	R^2	$Pr(>F)$
所有季节组		0.605 0	0.001	4.922 3	0.269 6	0.001
春季	夏季	0.433 8	0.001	4.084 2	0.169 6	0.001
春季	秋季	0.818 2	0.001	7.011 1	0.259 6	0.001

续表

		ANOSIM 分析		PERMANOVA 分析		
		R	P	F. model	R^2	$Pr(>F)$
春季	冬季	0.627 0	0.001	5.155 4	0.204 9	0.001
夏季	秋季	0.730 6	0.001	5.509 3	0.216 0	0.001
夏季	冬季	0.577 3	0.001	4.360 5	0.179 0	0.001
秋季	冬季	0.521 3	0.001	3.398 7	0.145 3	0.001
水功能区组		−0.021 5	0.648	0.904 9	0.063 6	0.68
水资源保护区	渔业养殖区	0.009 2	0.441	0.812 0	0.043 2	0.737
水资源保护区	景观娱乐区	0.012 9	0.387	0.768 7	0.071 4	0.809
水资源保护区	资源保留区	−0.115 1	0.815	0.695 7	0.037 2	0.902
渔业养殖区	景观娱乐区	−0.012 7	0.513	1.117 6	0.048 3	0.287
渔业养殖区	资源保留区	0.015 3	0.278	1.033 9	0.033 3	0.396
景观娱乐区	资源保留区	−0.076 1	0.809	0.853 5	0.037 3	0.673

总之，上述结果说明白马湖浮游动物群落多样性以不同季节之间的差异为主要特征，在不同水功能区之间差异较小。这也就说明，白马湖湖区浮游动物和浮游植物在整个湖区水体中分散均匀，群落的空间差异性较低，主要是受到不同季节的影响。

5.4 环境影响因子

基于对浮游动物密度、生物量、群落多样性的时空分布、组间差异的分析结果，结合环境因子进行相关性、约束排序分析，识别出白马湖浮游动物群落组成及变异的关键驱动因子。

对浮游动物密度、生物量、主要类群的相对丰度、群落 alpha 多样性进行 Spearman 相关性检验，并通过层级聚类的热图进行展示，结果如图5.16所示。整体上，与浮游动物密度、生物量、主要类群的相对丰度呈显著性相关的环境因子较少，且不同类群之间差异性不大。从图中可以看出，原生动物的密度、生物量及其相对占比与水体中的 pH、溶解氧、总磷呈显著正相关关系，相比之下，轮虫和桡足类的密度与生物量几乎不与各项水体理化指标有显著相关性。与此同时，枝角类的密度、生物量及其相对占比与电导率、矿化度、浊度、叶绿素 a、高锰酸盐指数、氨氮以及总磷有显著的正相关关系。这些结果说明浮游动物群落中主要类群的变化过程与水体理化指标之间关联性较弱。

此外，浮游动物群落 alpha 多样性指数与环境因子之间的相关性也不显著，仅仅观察到 Shannon 多样性指数与总磷之间的显著正相关关系。

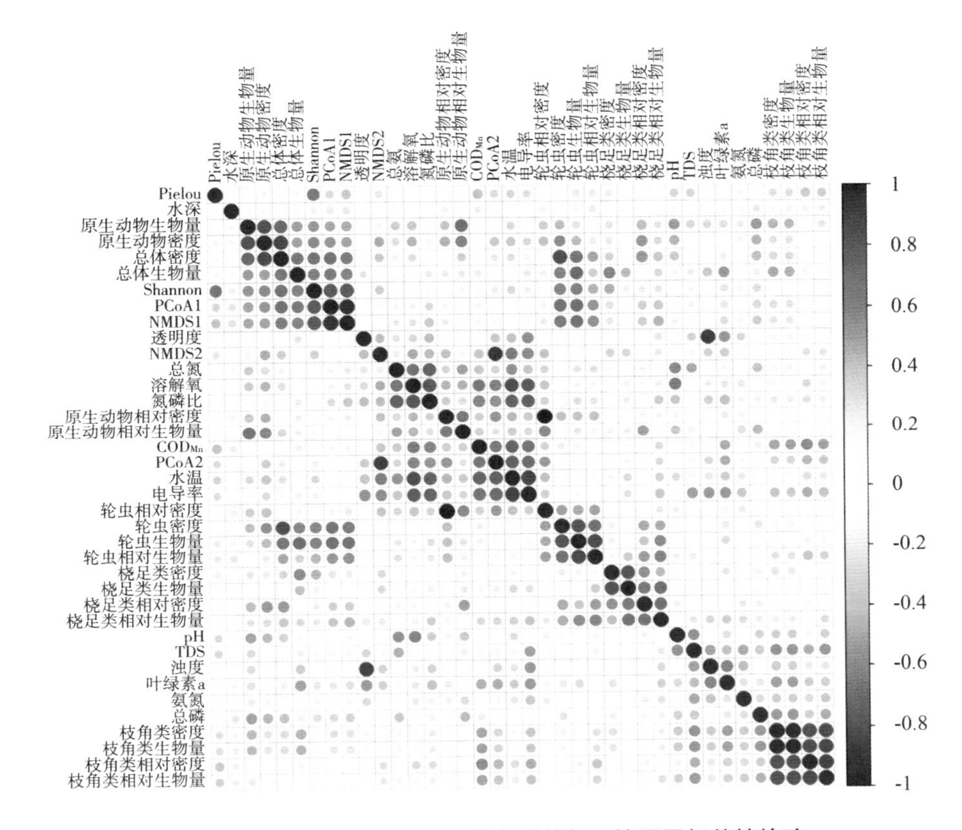

图 5.16　白马湖浮游动物群落多样性与环境因子相关性检验

采用基于分解 Jaccard 相似性距离矩阵的环境因子冗余分析(dbRDA 分析)，可以判断影响浮游动物群落结构的主要影响因子。如图 5.17 所示，dbRDA 的前两个坐标轴共同解释了 dbRDA 距离空间的 40.4%，各个季节上监测位点的浮游动物群落样点在坐标轴上的分布趋势与 NMDS 相一致，即样点按照季节聚类并相互分离，样点在不同水功能区之间无相对隔离的特征。环境因子在坐标轴上的排序结果显示：水温、电导率、溶解氧、浊度、叶绿素 a、高锰酸盐指数、总氮、氮磷比等因子与坐标轴有显著的相关性(envfit 检验：$P<0.05$)，其中溶解氧、总氮、氮磷比指向高丰度的春季、冬季样点，而浊度、电导率、叶绿素 a、高锰酸盐指数等指向低丰度的夏季、秋季样点。因此，上述的这些水体理化指标指征了浮游动物在不同季节之间演替的主要驱动作用，即在冬春季和夏秋季，浮

游动物群落受到不同的环境因子驱动。

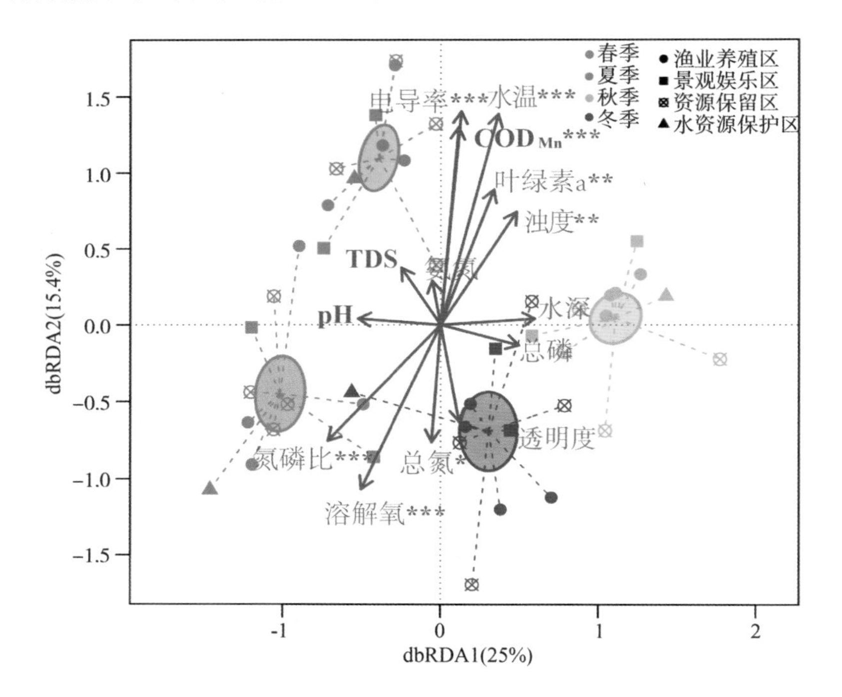

图 5.17　白马湖浮游动物群落结构的 dbRDA 分析

此外，我们采用了 PERMANOVA 检验分析了不同水体理化因子与 dbRDA 坐标轴的相关关系，一定程度上代表了环境因子的影响程度。如表 5.2 所示，在剔除年内水温、水深和透明度的影响之后，溶解氧、pH、浊度和氮磷比是最主要的影响因素，很可能是驱动浮游植物群落变异的关键因子。但总体上，这些因子只能解释 37%的群落变异性，表明这些因子对于判断和预测浮游动物群落变化仍存在较大不确定性。

表 5.2　白马湖浮游动物群落 dbRDA 的环境因子 PERMANOVA 检验

	PERMANOVA 检验		
	R^2	F. model	$Pr(>F)$
pH	0.054 6	2.758 2	0.001
溶解氧含量(mg/L)	0.063 1	3.189 0	0.001
电导率(μS/cm)	0.020 9	1.057 7	0.356
矿化度 TDS(mg/L)	0.027 6	1.394 6	0.091
浊度(NTU)	0.035 8	1.811 3	0.020

续表

	PERMANOVA 检验		
	R^2	F. model	$Pr(>F)$
叶绿素 a(mg/L)	0.019 0	0.958 9	0.485
高锰酸盐指数(mg/L)	0.017 9	0.903 7	0.583
氨氮(mg/L)	0.026 4	1.335 6	0.112
总氮(mg/L)	0.028 3	1.428 5	0.088
总磷(mg/L)	0.025 7	1.299 6	0.106
氮磷比	0.048 0	2.425 9	0.002

5.5 历史变化趋势

白马湖近几年来浮游动物种类数量的变化情况如图 5.18 所示。整体上，浮游动物种类呈上升趋势，2016 年和 2019 年浮游动物种类数量较上一年度存在小幅减小，而 2020 年度浮游动物种类数量最高。其中原生动物的种类数量总体上呈上升趋势，轮虫种类在 2017 年到 2020 年之间无明显变化，枝角类与桡足类因种类较少，年间的变化不明显。

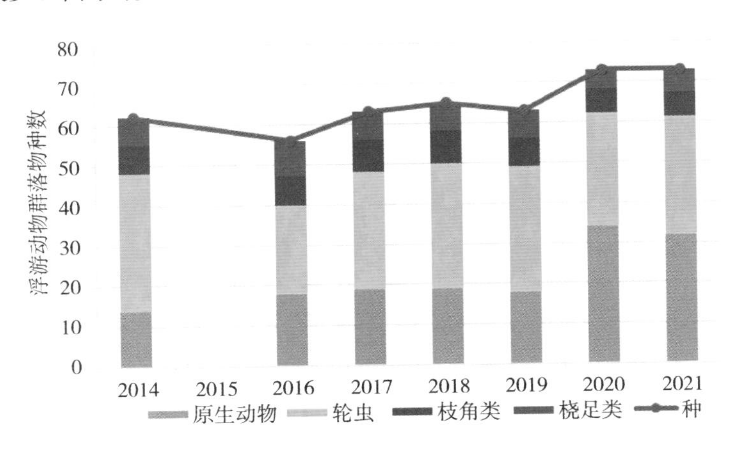

图 5.18 白马湖浮游动物种类数量的历年变化

白马湖近几年来浮游动物密度的变化情况如图 5.19 所示。浮游动物密度存在较大的波动，其中在 2017 年达到最低，随后逐年升高，到 2021 年呈急剧升高的趋势。白马湖浮游动物的总体密度是由轮虫数量多寡决定的，其次是原生动物，而枝角类和桡足类的数量较少。

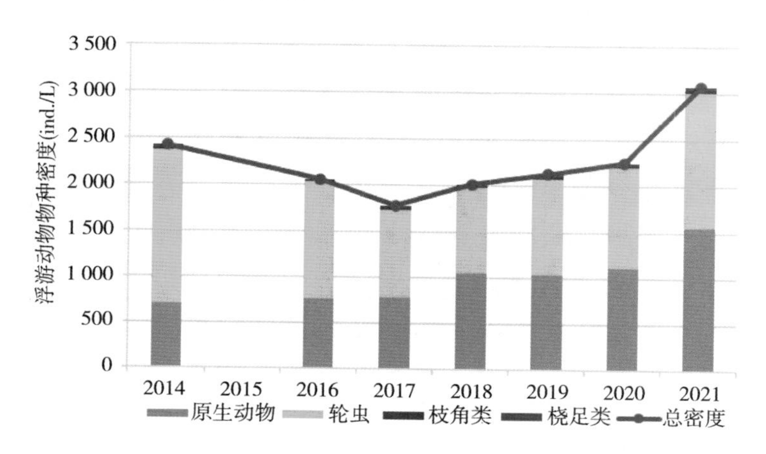

图 5.19　白马湖浮游动物密度的历年变化

白马湖近几年来浮游动物生物量的变化情况如图 5.20 所示。浮游动物生物量的变化趋势与密度类似，存在剧烈波动的情况，其中 2014 年浮游动物生物量最高，而 2018 年到 2020 年的生物量整体低于 2014 年到 2016 年的。白马湖浮游动物的生物量几乎完全是由轮虫决定的，轮虫是白马湖水体中生物量最大的浮游动物类群。

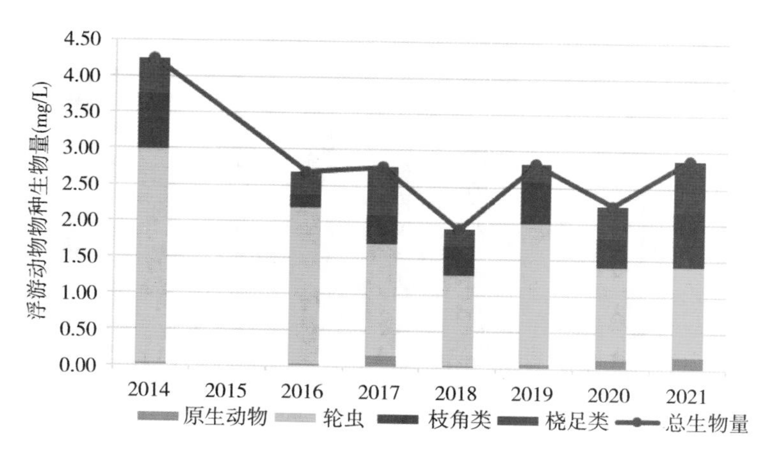

图 5.20　白马湖浮游动物生物量的历年变化

6 底栖动物群落

底栖动物是指生活史的全部或大部分时间生活于水体底部的水生动物群，底栖动物是一个生态学概念。淡水底栖动物的种类繁多，在无脊椎动物方面主要包括最低等的原生动物门到节肢动物门的所有门类。在湖泊中底栖动物主要包括水生寡毛类（水蚯蚓等）、软体动物（螺蚌等）和水生昆虫幼虫（摇蚊幼虫等）。湖泊底栖动物采样一般用采泥器法，在湖泊中的各个采样点用改良彼得生采泥器进行采集作为小样本，由若干小样本连成的若干断面为大样本，然后由样本推断总体。底栖动物采样点的设置要尽可能与水的理化分析采样点一致以便于数据的分析比较。

6.1 种类组成

2021 年白马湖共计鉴定出底栖动物 17 种（属），如表 6.1 所示。其中摇蚊幼虫的种类最多，为 6 种；其次是寡毛类，为 5 种；再次是软体动物，为 4 种；其他包括日本沼虾、多毛类沙蚕共 2 种。

表 6.1 白马湖底栖动物名录

分类名称（种或属）	拉丁学名
摇蚊科	**Chironomidae**
羽摇蚊	*Chironomus plumosus*
红羽摇蚊	*Chironomus plumosus-reductus*
红裸须摇蚊	*Propsilocerus akamusi*
中国长足摇蚊	*Tanypus chinensis*
软铗小摇蚊	*Microchironomus tener*
花翅前突摇蚊	*Procladius choreus*
寡毛类	**Oligochaeta**
苏氏尾鳃蚓	*Branchiura sowerbyi*

续表

分类名称(种或属)	拉丁学名
颤蚓属(某种)	*Tubifex* sp.
霍甫水丝蚓	*Limnodrilus hoffmeisteri*
中华河蚓	*Rhyacodrilus sinicus*
扁舌蛭	*Glossiphonia complanata*
软体动物	**Mollusca**
梨形环棱螺	*Bellamya purificata*
铜锈环棱螺	*Bellamya aeruginosa*
中华圆田螺	*Cipangopaludina cahayensis*
长角涵螺	*Alocinma longicornis*
其他	**Others**
日本沼虾	*Macrobrachium nipponense*
沙蚕	*Nereis succinea*

从不同季节上看,春季和冬季以摇蚊幼虫和寡毛类为主,夏季的摇蚊幼虫占绝对优势,秋季的寡毛类占绝对优势,但整体上四个季节之间的种类数量差异不大。详见图 6.1。

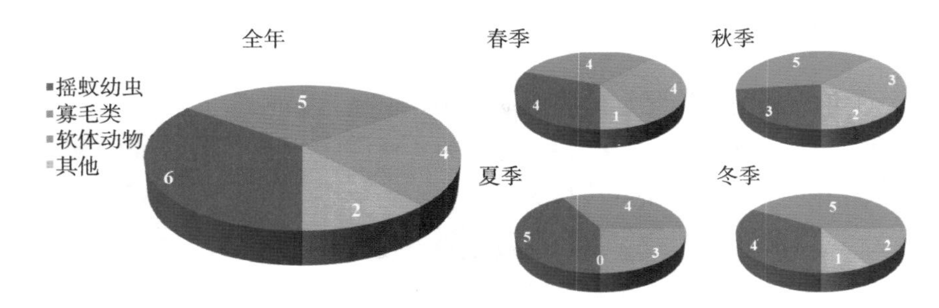

图 6.1　2021 年白马湖浮游动物的种类数量

基于表 6.2 的统计结果,从这些底栖动物的出现频率来看,摇蚊科的羽状摇蚊、中国长足摇蚊,寡毛类的苏氏尾鳃蚓、颤蚓属(某种)、霍甫水丝蚓以及软体动物的梨形环棱螺是白马湖最常见的种类,出现频率较高,几乎在各个监测位点均能被采集鉴定出。而白马湖底栖动物群落的密度和生物量则被少数种类所主导。从底栖动物的相对密度上进行比较,摇蚊科的羽摇蚊、中国长足摇蚊,寡毛类的苏氏尾鳃蚓、颤蚓属(某种)、霍甫水丝蚓,软体动物的梨形环棱螺分别占总密度的 6.48%、29.24%、13.65%、7.04%、8.14%和 10.16%,占据了底栖动物中绝大部分类群(74.71%)。

而从底栖动物的相对生物量上看,由于软体动物个体较大,软体动物群落中的梨形环棱螺在相对生物量上占据绝对优势,达到 77.29%,中华圆田螺、长角涵螺的相对生物量也分别达到 8.65%和 5.33%。而摇蚊幼虫、寡毛类的相对生物量则较低,整体的相对生物量分别为 1.80%和 4.51%。

综合底栖动物的相对密度、相对生物量以及它们的出现频率,计算出底栖动物群落中每个物种的优势度,从高到低排序,白马湖的优势底栖动物主要是中国长足摇蚊、苏氏尾鳃蚓、梨形环棱螺、霍甫水丝蚓、颤蚓属(某种)和羽摇蚊。

表 6.2 白马湖底栖动物密度和生物量

种类	平均密度 (ind./m²)	相对密度 (%)	平均生物量 (g/m²)	相对生物量 (%)	出现频率	优势度
摇蚊科						
羽摇蚊	10	6.48	0.006 4	0.54	34.09	2.208 8
红羽摇蚊	2	1.28	0.000 9	0.08	6.82	0.087 6
红裸须摇蚊	7	4.62	0.007 0	0.59	20.45	0.944 5
中国长足摇蚊	46	29.24	0.006 9	0.59	59.09	17.275 4
软铗小摇蚊	2	1.05	0.000 0	0.00	6.82	0.071 8
花翅前突摇蚊	3	1.75	0.000 1	0.00	6.82	0.119 0
寡毛类						
苏氏尾鳃蚓	22	13.65	0.026 8	2.27	68.18	9.307 4
颤蚓属(某种)	11	7.04	0.011 4	0.97	34.09	2.400 6
霍甫水丝蚓	13	8.14	0.001 8	0.15	45.45	3.699 3
中华河蚓	3	1.95	0.000 1	0.00	11.36	0.221 4
扁舌蛭	5	3.03	0.013 2	1.12	13.64	0.413 2
软体动物						
梨形环棱螺	16	10.16	0.911 6	77.29	47.73	4.848 5
铜锈环棱螺	1	0.40	0.009 1	0.77	2.27	0.009 2
中华圆田螺	5	3.16	0.102 0	8.65	15.91	0.502 8
长角涵螺	10	6.44	0.062 8	5.33	25.00	1.608 9
其他						
日本沼虾	2	1.39	0.019 5	1.65	6.82	0.094 5
沙蚕	0	0.23	0.000 0	0.00	2.27	0.005 2

6.2 密度和生物量

2021 年白马湖水体中底栖动物的密度分布在 52～776 ind. /m² 范围之间，均值为 158 ind. /m²。其中春季的底栖动物密度最低，均值为 127 ind. /m²；冬季的底栖动物密度最高，均值为 237 ind. /m²。随季节的变化，底栖动物的密度呈逐季度上升的趋势，但整体上春季、夏季和秋季的差异不大(图 6.2)。

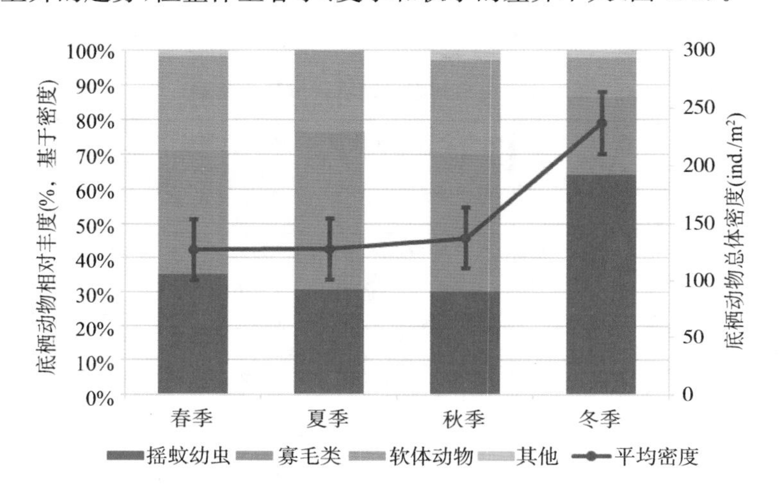

图 6.2　2021 年白马湖底栖动物密度分布的季节变化

基于密度数据结果，白马湖沉积物中底栖动物的优势类群是摇蚊幼虫和寡毛类，它们在四个季节中都占据了群落总体密度的 70%以上，软体动物的密度相对较低，最高达 27%。

分析 2021 年白马湖底栖动物(总体和各个主要类群)物种密度在不同季节、不同空间上的差异性，识别出底栖动物的时空分布特征。如图 6.3 所示，整体上，白马湖底栖动物在不同季节、不同空间上的差异不明显(单因素方差检验：$P>0.05$)。但整体上，西北湖区的 BMH－01 和 BMH－02 监测位点的密度要相对高于其他湖区监测位点。

对于底栖动物群落中占数量优势的摇蚊幼虫，其密度在不同季节之间存在显著性差异(单因素方差检验：$P<0.05$)，即冬春季节的密度要相对高于其他季节，而在空间上差异不明显。在群落中占生物量优势的软体动物，其密度则在不同湖区之间存在显著性差异(单因素方差检验：$P<0.05$)，即北部湖区的密度要相对低于南部湖区，而在时间上差异不显著，详见图 6.4。

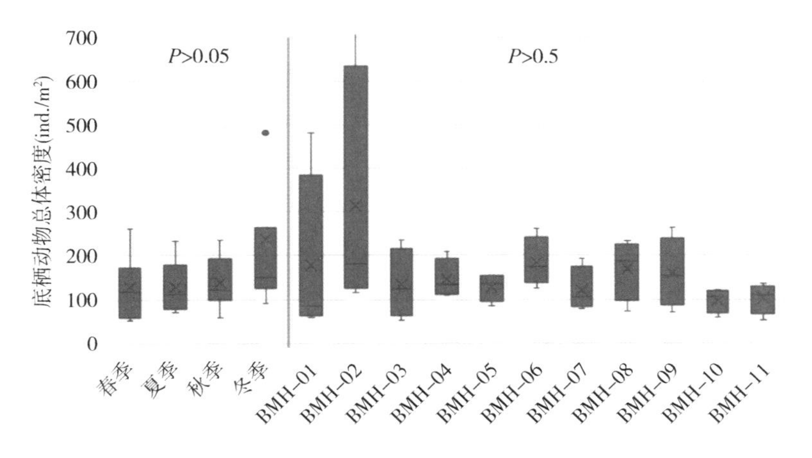

图 6.3　2021 年白马湖底栖动物总体密度的时空变化

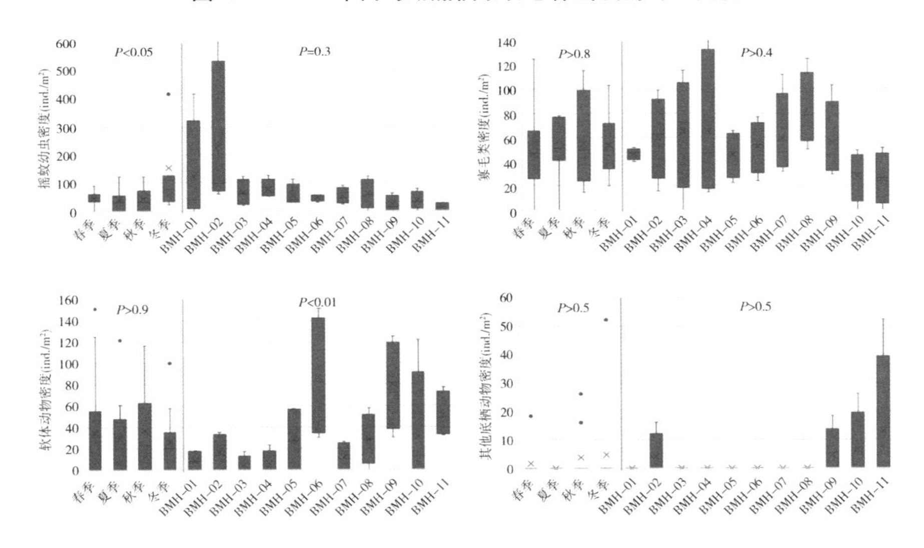

图 6.4　2021 年白马湖底栖动物主要类群密度的时空变化

对比白马湖不同水功能区的底栖动物密度分布(图 6.5),尽管各个水功能区的底栖动物的密度差异不显著(单因素方差检验:$P>0.05$),但相对来说,在各个季节和全年尺度上,水源地保护区的底栖动物总体密度要相对高于景观娱乐区、生态养殖区以及资源保留区的。这一规律在摇蚊幼虫和寡毛类群落中也得到印证。因此,摇蚊幼虫和寡毛类的密度时空变化影响了水功能区底栖动物的群落差异。

白马湖沉积物中底栖动物的生物量分布在 0.061 2～221.271 1 g/m² 范围之间,

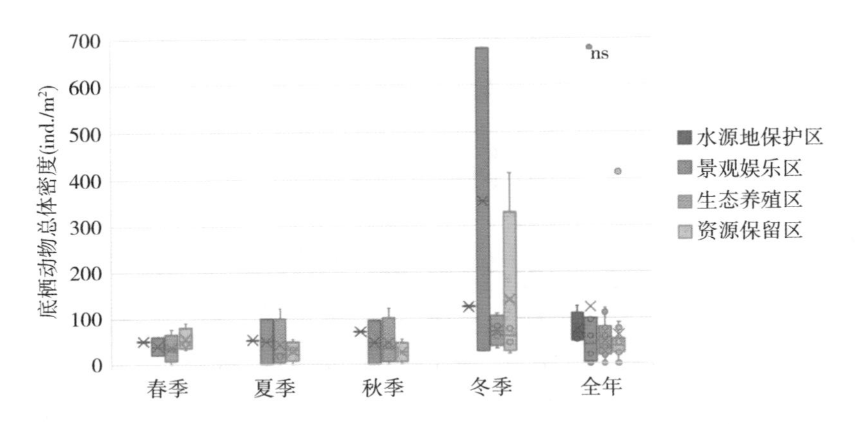

图 6.5　2021 年白马湖不同水功能区的底栖动物密度变化

均值为 28.083 1 g/m²。其中春季的底栖动物生物量最高，均值为 46.621 8 g/m²，冬季的生物量最低，均值为 18.843 3 g/m²（图 6.6）。

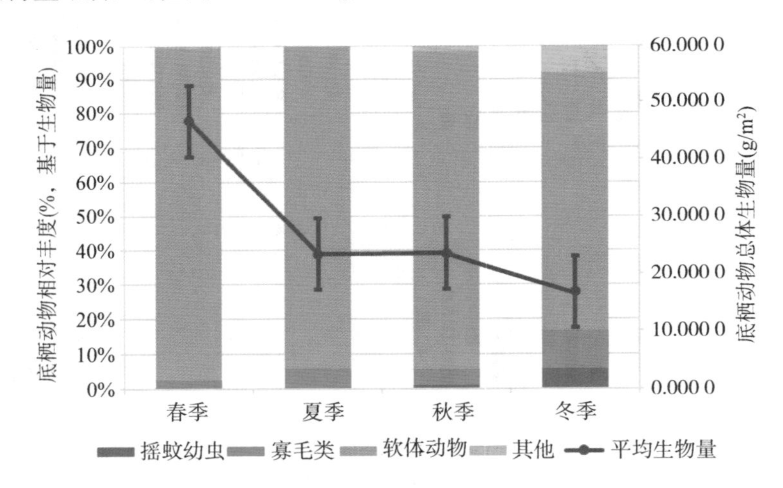

图 6.6　2021 年白马湖底栖动物生物量分布的季节变化

如图 6.7 所示，整体上，2021 年白马湖底栖动物的生物量存在明显的空间变化模式（单因素方差检验：$P<0.01$），北部湖区监测位点（BMH－01 至BMH－05）的底栖动物生物量要显著低于其他湖区的，特别是中部湖区的 BMH－07 和南部湖区的 BMH－10。白马湖底栖动物的生物量在不同季节之间的差异不显著。

与密度分布相一致，白马湖底栖动物群落中占生物量优势的软体动物类群也展现出了显著的空间变化模式（图 6.8），即在北部湖区的软体动物生物量要相对低于其他湖区的（Tukey HSD 检验：$P<0.05$）。此外，摇蚊幼虫的生物量在

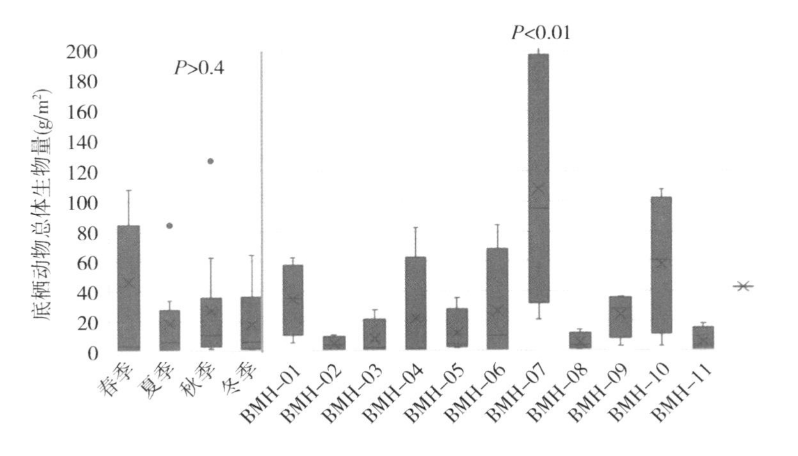

图 6.7　2021 年白马湖底栖动物总体生物量的时空变化

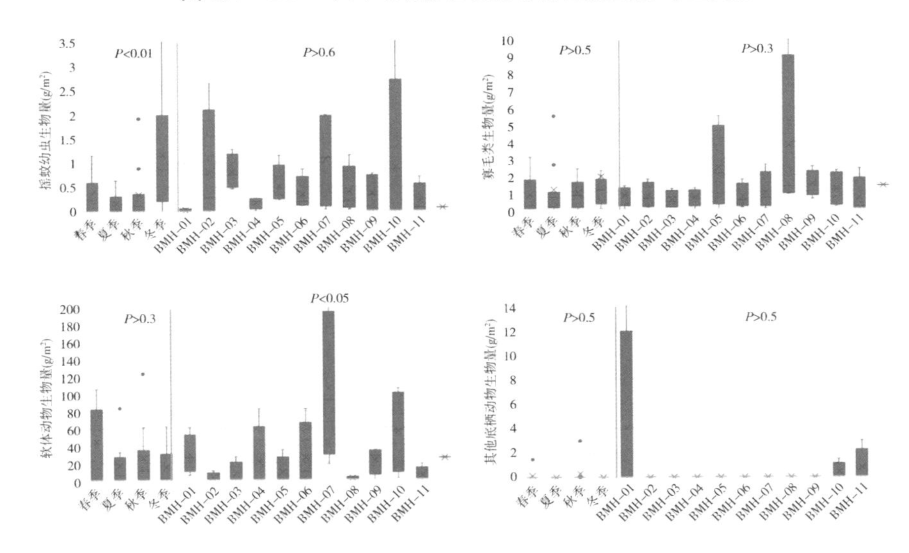

图 6.8　2021 年白马湖底栖动物主要类群生物量的时空变化

不同季节之间差异显著，表现为冬季生物量显著高于春季和其他季节（单因素方差检验：$P<0.05$）。而对于寡毛类类群，其生物量在时间、空间上的分布差异性不大。这些结果说明软体动物的生物量占底栖动物群落的绝对优势，其时空变化格局也就决定了整个底栖动物群落的时空变化特征。

对比 2021 年白马湖不同水功能区的底栖动物生物量分布（图 6.9），在全年和各个季节的尺度上，不同水功能区之间的底栖动物生物量差异不显著（单因素方差检验：$P>0.05$），但大致上，春季、夏季和冬季的水源地保护区的底栖动物生物量要相对低于其他水功能区的。这是因为水源地保护区的软体动物生物量要显著低于其他水功能区的(数据分析结果未展示)。

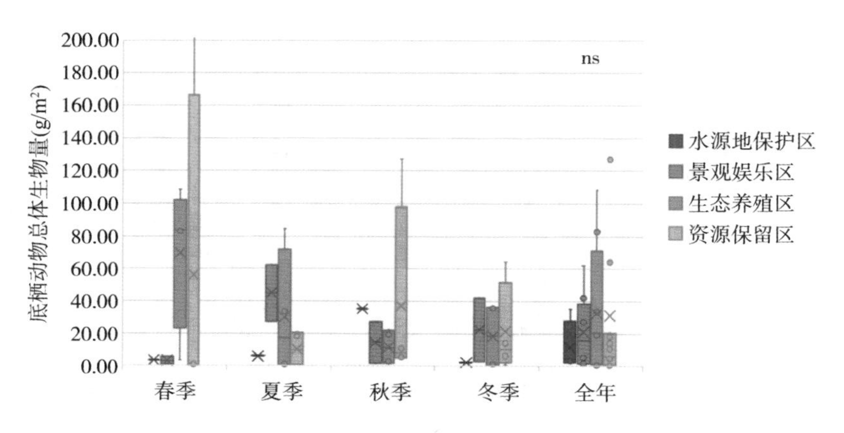

图 6.9　白马湖不同水功能区的底栖动物生物量变化

6.3　群落多样性

采用 Shannon-Wiener 多样性指数和 Pielou 均匀度指数来评估底栖动物群落的 alpha 多样性。通过公式计算,白马湖底栖动物群落的 Shannon-Wiener 多样性指数与 Pielou 均匀度指数计算结果如下所示。

2021 年白马湖底栖动物群落的 Shannon-Wiener 多样性指数分布在 0.45～1.93 之间(图 6.10),均值为 1.25,其中春季多样性指数均值为 1.27,夏季均值为1.28,秋季均值为 1.26,冬季均值为 1.19,不同季节之间的差异不显著(单因素方差检验:$P>0.9$)。此外,底栖动物群落的 Shannon-Wiener 多样性指数在空间上差异也不显著。

相对来说,不同湖区之间的底栖动物群落多样性差异不大。从不同水功能区上对比(图 6.11),在全年和各个季节尺度上差异不显著(单因素方差检验:$P>0.05$)。大体上,春季和夏季的水源地保护区群落 Shannon-Wiener 多样性要高于其他水功能区,而冬季的水源地保护区群落 Shannon-Wiener 多样性要低于其他水功能区。

2021 年白马湖底栖动物群落的 Pielou 均匀度指数分布在 0.41～0.99 之间(图 6.12),均值为 0.92,各个季节之间的差异不显著(单因素方差检验:$P>0.1$),在不同湖区之间的差异也不显著(单因素方差检验:$P>0.6$)。

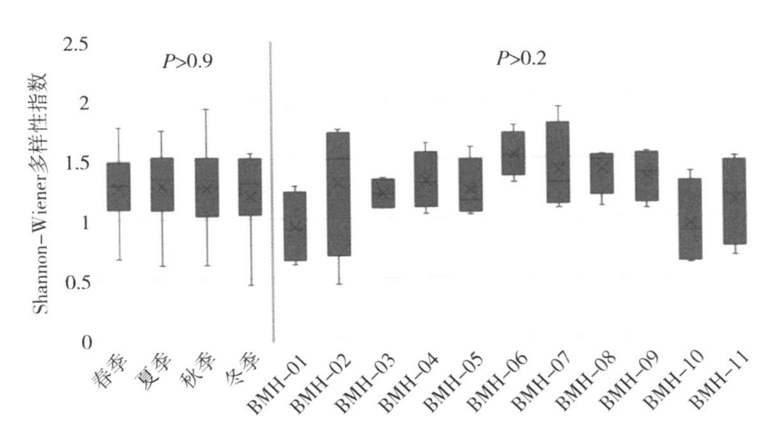

图 6.10　2021 年白马湖底栖动物群落 Shannon-Wiener 多样性时空变化

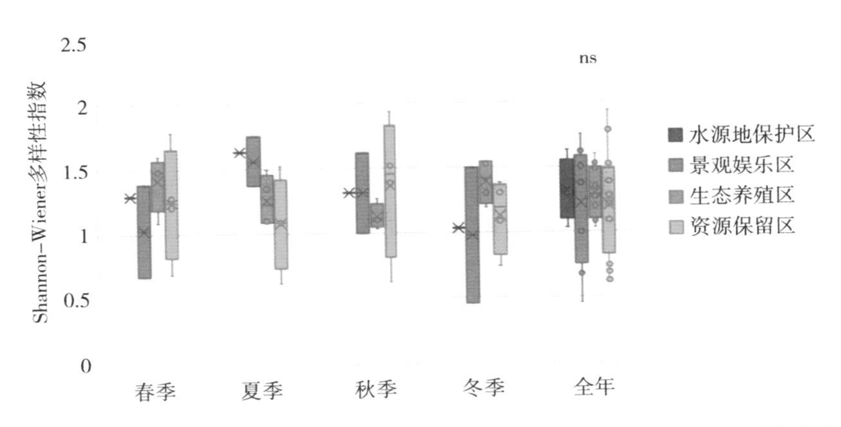

图 6.11　2021 年白马湖不同水功能区的底栖动物群落 Shannon-Wiener 多样性指数的差异

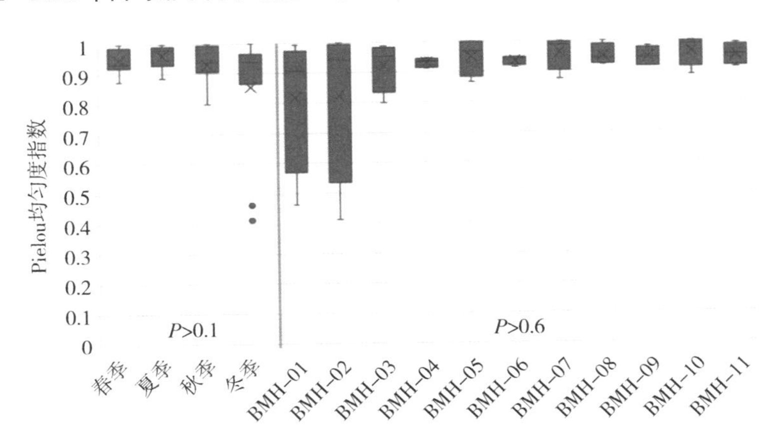

图 6.12　2021 年白马湖底栖动物群落 Pielou 均匀度指数时空变化

从不同水功能区上进行对比(图 6.13),底栖动物群落的 Pielou 均匀度在不同水功能区之间的差异不显著(Tukey HSD 检验:$P>0.05$),相对来说,春季和夏季的水源地保护区的群落均匀度要低于其他水功能区的。

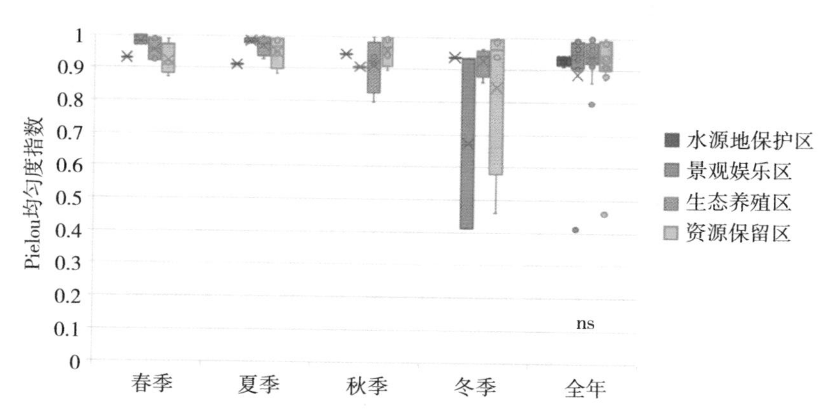

图 6.13　2021 年白马湖不同水功能区的底栖动物群落 Pielou 均匀度指数的差异

上述两种 alpha 多样性指数的分析结果显示,白马湖水体中底栖动物群落在密度和生物量上存在着明显的季节分布格局,但从多样性角度观察,不同季节、不同水功能区之间的底栖动物群落差异不大。这与浮游生物的规律不一致,但也很大程度上说明底栖动物受到白马湖底质影响,水质对底栖动物物种的密度、生物量以及群落多样性影响程度不高。

考虑到底栖动物种类在不同类群、不同样点之间存在的数量级差异,丰度数据在基于 log 转化之后采用 Horn 相似性距离矩阵来衡量其 beta 多样性水平。层级聚类结果(图 6.14)显示:各个样点之间的底栖动物群落组成相似度较高,但在不同季节之间的聚类效果不突出。整体上,夏季样点的底栖动物群落相对聚集在左侧,冬季样点的底栖动物群落相对聚集在右侧。这一特征大致体现出底栖动物群落在夏季和冬季之间的差异性。

通过降维的非度量多维尺度分析(NMDS)来进一步识别底栖动物群落在各个分组之间的组成相似度以及差异性。从图 6.15 中可以看出,降维后的 Horn 相似性距离矩阵在坐标轴上没有展现出底栖动物群落具有显著或者差异性的相对聚集模式。

通过组间的相似度分析(ANOSIM 分析与 PERMANOVA 分析)对不同季节、不同水功能区之间的两两组间差异性进行显著性检验,结果如表 6.3 所示。从表中可以看出,ANOSIM 分析与 PERMANOVA 分析都显示出底栖动物群落

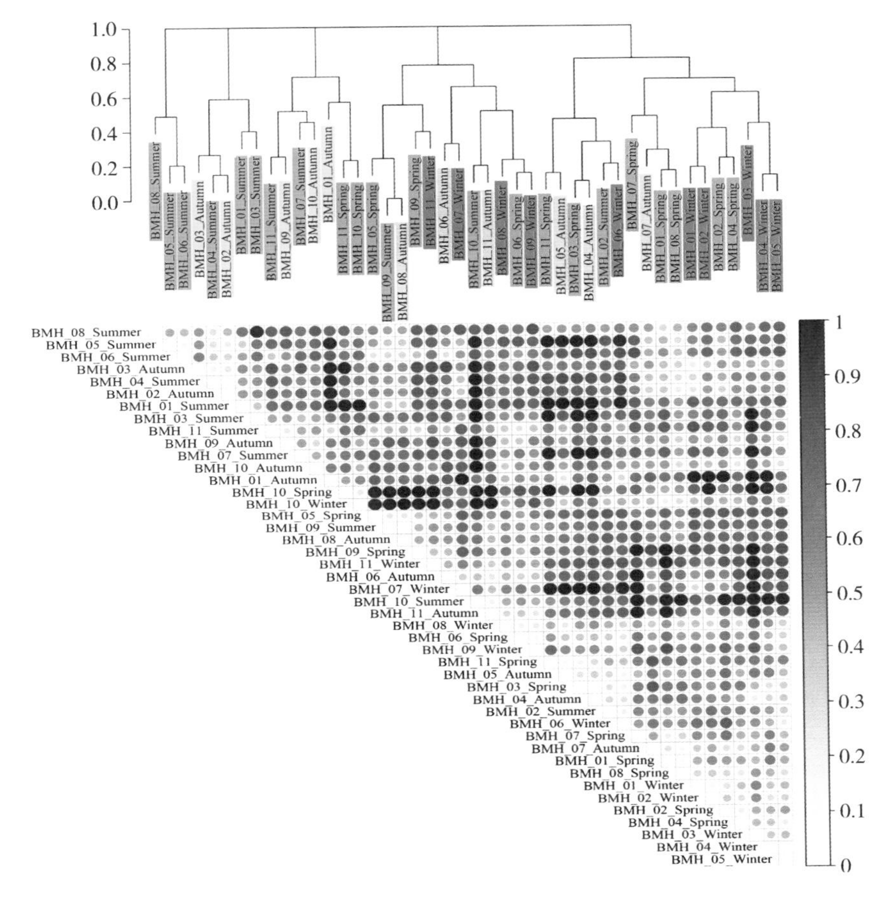

图 6.14 2021 年白马湖底栖动物群落 beta 多样性的层级聚类结果

在不同季节、不同水功能区组之间没有显著性的差异结果（ANOSIM 分析：$P>0.05$；PERMANOVA 分析：$P>0.001$）。只在夏季和冬季之间检测到底栖动物群落之间存在显著性差异。这个结果说明底栖动物群落在时间和空间上的变化程度不明显，只在两个极端的季节中存在差异性。

总之，上述结果说明白马湖底栖动物群落多样性在时间和空间上不存在显著性的差异。这也就说明，白马湖湖区的底栖动物与浮游生物的分布模式不一致，底栖动物受到的影响过程与浮游生物不同。此外，也可以进一步推断出造成底栖动物群落变化的沉积物环境不存在时间和空间上的变化过程。

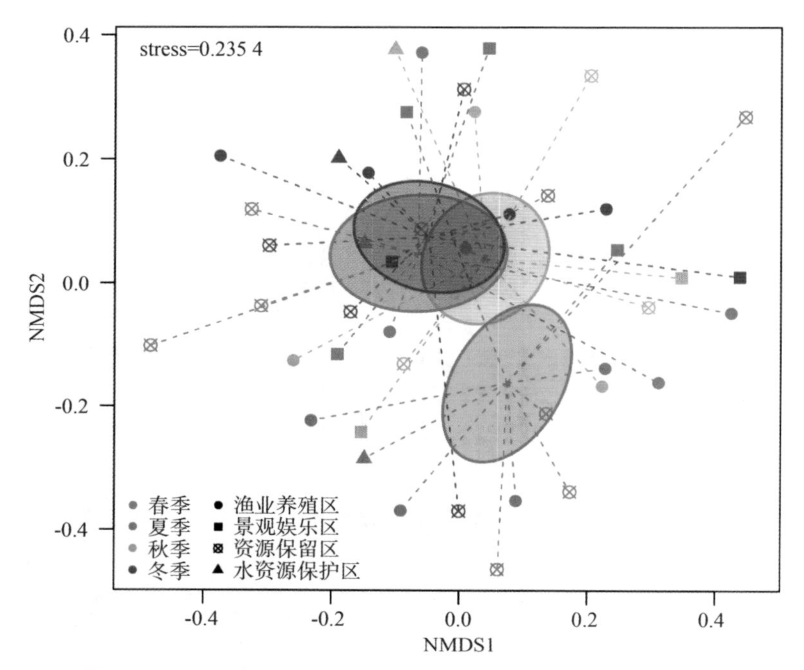

图 6.15　2021 年白马湖底栖动物群落 beta 多样性的 NMDS 图

表 6.3　2021 年白马湖底栖动物群落的组内两两比较

		ANOSIM 分析		PERMANOVA 分析		
		R	P	F. model	R^2	Pr(>F)
所有季节组		0.055 3	0.078	1.647 4	0.110 0	0.097
春季	夏季	0.111 5	0.058	2.142 6	0.096 8	0.073
春季	秋季	−0.099 0	0.954	0.104 3	0.005 2	0.922
春季	冬季	0.015 6	0.350	1.180 1	0.055 7	0.381
夏季	秋季	0.023 6	0.311	1.426 8	0.066 6	0.232
夏季	冬季	0.292 0	0.002	4.011 3	0.167 1	0.002
秋季	冬季	−0.027 6	0.587	1.091 1	0.051 7	0.392
水功能区组		−0.003 7	0.529	1.287 2	0.088 0	0.253
水资源保护区	渔业养殖区	−0.028 3	0.589	1.148 3	0.060 0	0.353
水资源保护区	景观娱乐区	−0.031 3	0.523	1.159 9	0.103 9	0.351
水资源保护区	资源保留区	0.002 7	0.452	1.920 8	0.096 4	0.125
渔业养殖区	景观娱乐区	0.001 4	0.471	0.786 9	0.034 5	0.547
渔业养殖区	资源保留区	0.011 7	0.328	1.530 0	0.048 5	0.210
景观娱乐区	资源保留区	−0.041 8	0.690	1.065 4	0.046 2	0.406

6.4 环境影响因子

基于对底栖动物密度、生物量、群落多样性的时空分布、组间差异的分析结果，结合环境因子进行相关性、约束排序分析，识别出白马湖底栖动物群落组成及变异的关键驱动因子。

对底栖动物密度、生物量、主要类群的相对丰度、群落 alpha 多样性进行 Spearman 相关性检验，并通过层级聚类的热图进行展示，结果如图 6.16 所示。整体上，与底栖动物密度、生物量、主要类群的相对丰度呈显著性相关的环境因子较少，且不同类群之间差异性不大。从图中可以看出，摇蚊幼虫的密度、生物量以及相对占比与溶解氧呈显著正相关关系，与水温、高锰酸盐指数呈显著负相关关系；软体动物的密度及其相对占比与 pH、浊度、叶绿素 a 呈显著的负相关关系，但其生物量与环境因子的相关性不显著。此外，底栖动物群落的 alpha 多样性与水体理化指标无显著的相关性。这些结果说明底栖动物群落的驱动因子很可能不能通过水体理化指标来反映，仍然需要对沉积物理化指标进行分析来进一步确认。

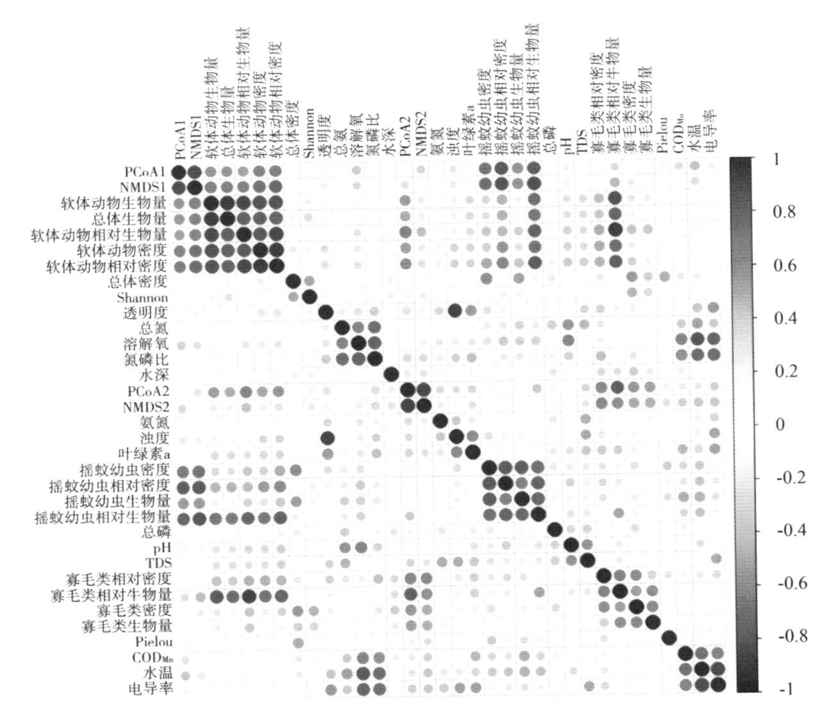

图 6.16 白马湖底栖动物群落多样性与环境因子相关性检验

采用基于分解 Horn 相似性距离矩阵的环境因子冗余分析(dbRDA 分析),可以判断影响底栖动物群落结构的主要影响因子。如图 6.17 所示,dbRDA 的前两个坐标轴共同解释了 dbRDA 距离空间的 74.6%,各个季节上监测位点的底栖动物群落样点在坐标轴上的分布趋势与 NMDS 相一致。环境因子在坐标轴上的排序结果显示:水温、电导率、溶解氧、叶绿素 a、高锰酸盐指数、总氮等因子与坐标轴有显著的相关性(envfit 检验:$P<0.05$),但整体上,水体理化指标在 dbRDA 分析中呈显著性的因子并不多。

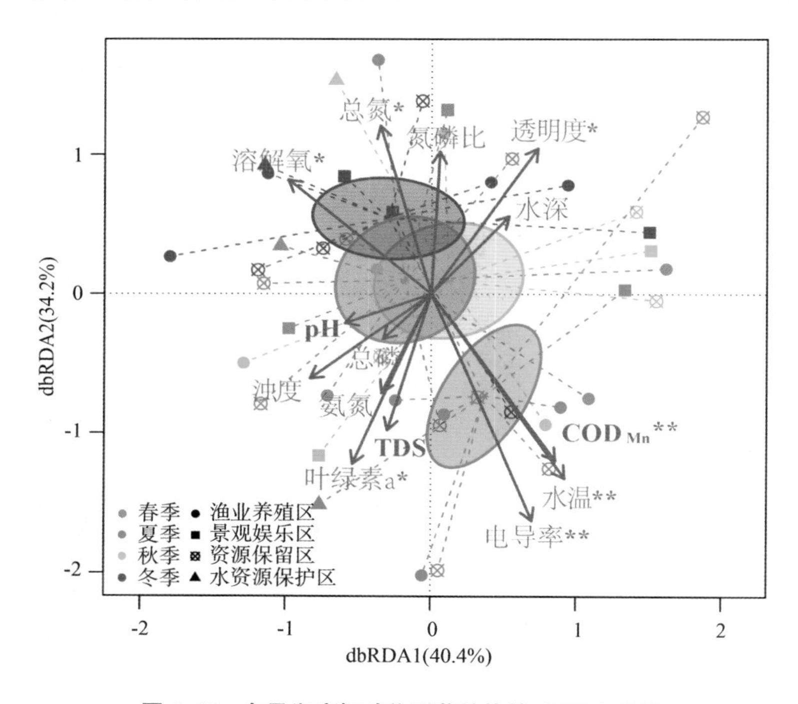

图 6.17 白马湖底栖动物群落结构的 dbRDA 分析

6.5 历史变化趋势

白马湖近几年来底栖动物种类数量的变化情况如图 6.18 所示。整体上,底栖动物种类呈现出逐年上升的趋势,在 2020 年度达到最高值。摇蚊幼虫、寡毛类与软体动物是底栖动物群落的主要类群。相比之下,摇蚊幼虫种类在历年间差异不大,但寡毛类与软体动物的种类数量呈现出上升的趋势,这是造成底栖动物种类增加的主要原因。

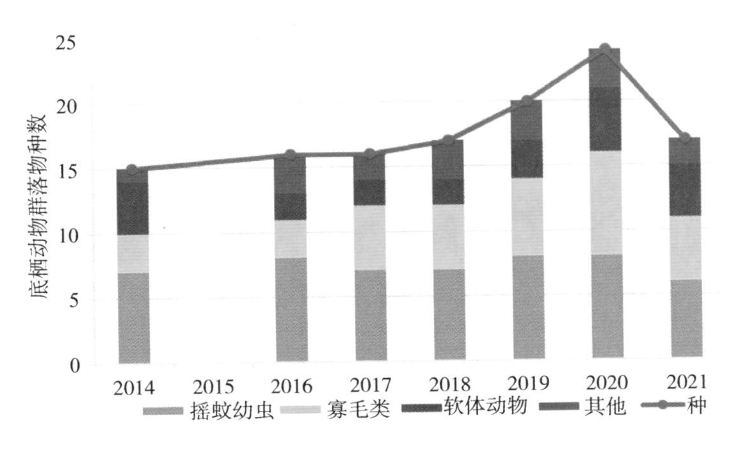

图 6.18 白马湖底栖动物种类数量的历年变化

白马湖近几年来底栖动物密度的变化情况如图 6.19 所示。白马湖底栖动物密度呈现出明显的先逐年递增再下降的趋势，其中 2017 年底栖动物的密度达到最高值，接近 300 ind./m^2，而 2020 年度的底栖动物密度是历年来最低水平。摇蚊幼虫与寡毛类是底栖动物群落中的主要类群，也是底栖动物密度变化的主要贡献类群，它们也呈现出明显的下降趋势。

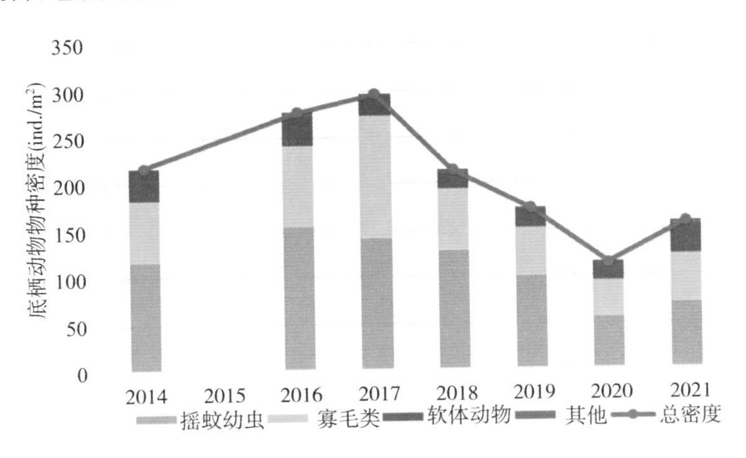

图 6.19 白马湖底栖动物密度的历年变化

白马湖近几年来底栖动物生物量的变化情况如图 6.20 所示。白马湖底栖动物生物量的变化趋势与密度几乎完全相反，整体上呈现出先逐年下降再上升的趋势，其中 2018 年度底栖动物生物量最低，仅不到 20 g/m^2，随后直至 2020 年度底栖动物生物量呈持续上升趋势。由于软体动物生物量巨大，软体动物生物量的逐年下降后递增是底栖动物生物量逐年变化的主要驱动因素。

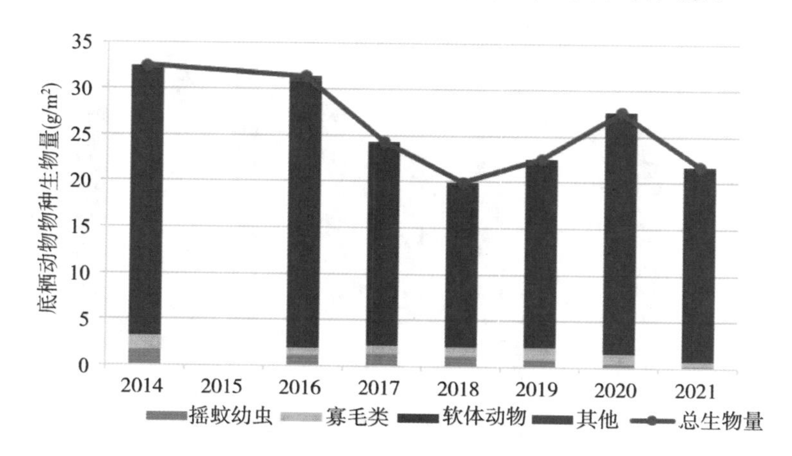

图 6.20　白马湖底栖动物生物量的历年变化

7 鱼类资源

7.1 养殖区情况

白马湖是江苏省唯一入选国家重点江河湖泊保护计划的湖泊，为江苏省十大湖泊之一，是淮河下游重要水体，也是淮河入江水系的主要调控节点，为国家南水北调工程东线过境湖泊，白马湖对提高淮安市区供水保障水平、增强市区应对突发水污染事件的能力具有重要意义。

由于受过度围湖造田、圈圩养殖、种植和围网养殖等人为活动的影响，湖区面积锐减，开发利用面积占湖区总面积的92%，水面面积锐减至42 km^2，防洪滞涝调蓄库容明显减少，水体自净能力下降。如果不及时保护，白马湖将难以承担起诸多功能。

白马湖泥鳅沙塘鳢国家级水产种质资源保护区总面积1 665 hm^2，其中核心区面积333 hm^2，实验区面积1 332 hm^2。

核心区特别保护期为全年。保护区位于岔河镇和仁和镇，由两块区域组成。第一区域的四至范围拐点坐标分别为(119°06′30″E，33°17′06″N；119°11′08″E，33°17′18″N；119°07′16″E，33°16′26″N；119°11′28″E，33°16′30″N)，其中保护区核心区是由4个拐点顺次连线围成的区域，拐点坐标为(119°06′30″E，33°17′06″N；119°07′16″E，33°17′26″N；119°07′16″E，33°16′26″N；119°07′30″E，33°16′28″N)。第二区域的四至范围拐点坐标分别为(119°06′25″E，33°12′20″N；119°10′08″E，33°12′29″N；119°06′12″E，33°11′08″N；119°10′30″E，33°11′22″N)，其中核心区是由4个拐点顺次连线围成的区域，拐点坐标分别为(119°06′25″E，33°12′20″N；119°07′06″E，33°12′18″N；119°07′30″E，33°16′28″N；119°07′02″E，33°11′21″N)。保护区内除核心区外其他区域为实验区。

保护区的主要保护对象为泥鳅、沙塘鳢，其他保护物种包括鲤、鲫、长春鳊、三角鲂、鳜、黄颡鱼、黄鳝、乌鳢、花骨鱼、银鲴等物种。

7.2 鱼类资源现状

近二十年来白马湖鱼类种类数持续下降，根据近十年的调查资料及报道，白马湖现存鱼类种类数为 46 种，比 20 世纪 80 年代下降了 28%，白马湖鱼类群落构成见图 7.1。现有鱼类物种结构单一，资源衰竭较为严重，鱼类区系的组成上，呈现出明显的以江河平原鱼类区系为主的特点，并且鲤科鱼类占绝对优势，江湖(海)洄游性鱼类基本绝迹，当前鱼类生态类型主要有两种：一是定居性鱼类，如鲤、鲫、鳊、鲂、鲌、银鱼等，是白马湖鱼类主要组成部分；二是江河半洄游鱼类，如青鱼、鲢、鳙、草鱼等，现主要靠人工增殖放流来补充其种群数量。一些定居性鱼类如黄鳝、泥鳅、黄颡鱼等已不多见，全湖最常见的只是鲤、鲫、乌鳢、鳜、鲌等少数几种经济鱼类，与白马湖中型湖泊体量以及复杂的湖泊体量形态和生态环境极不相称。

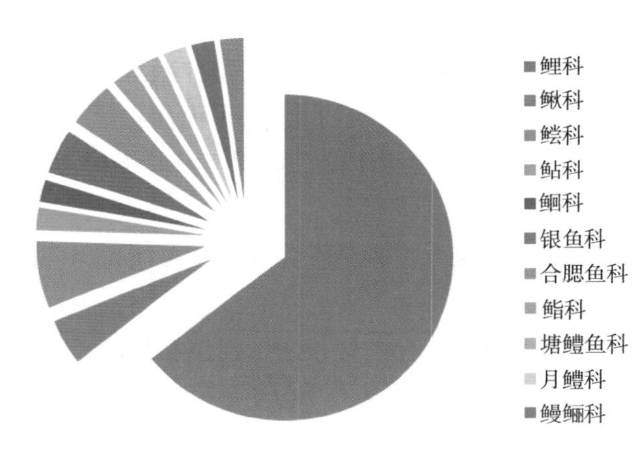

图 7.1　白马湖鱼类群落组成

白马湖主要的经济鱼类是：鲢、鳙、鲤、鲫、草鱼、青鱼、鳜、翘嘴鲌、鳊、乌鳢、黄颡鱼、银鱼等，优势种鲤、鲫的个体较大，鲤、鲫渔获物量占总量的 15%～30%；除鲤、鲫外，优势种中的其他种类均为小型鱼类，自然湖体中"小杂鱼"数量急剧上升，如刀鲚、翘嘴鲌、𩷶、大鳍鱊、似鱎、麦穗鱼、棒花鱼等，这些小型鱼类的重量百分比约占渔获物总量的 30%～50%，且平均体重均小于 35 g。白马湖主要经济鱼类渔获物生物量(个体数)组成见图 7.2，白马湖主要经济鱼类的体长与体重分布情况见表 7.1。

图 7.2　白马湖主要经济鱼类个体数组成

表 7.1　白马湖主要经济鱼类的体长与体重分布

种类	体长范围(cm)	体重范围(g)	平均体长(cm)	平均体重(g)
鲤	12.9～41.8	9.3～1 032.3	31.4	576.8
鲫	8.3～32.4	11.9～245.5	16.7	59.7
䱗	6.8～28.8	7.6～72.4	9.5	9.3
刀鲚	5.0～32.1	0.8～49.1	7.8	3.1
翘嘴鲌	9.4～41.0	13.8～364.2	18.9	33.7
银鱼	6.5～17.8	3.5～25.6	10.2	6.4
棒花鱼	3.8～17.9	0.4～42.3	6.3	2.3

白马湖沿岸湖湾及部分湖心土墩区水生植被丰富，为底栖动物及鱼类提供了较好的、有利的栖息环境(包括觅食、躲避敌害、产卵)。青鱼、鲤、黄颡鱼、沙塘鳢、黄鳝等以底栖动物为主要捕食对象的鱼类，以及鲫、鳑鲏、草鱼等以湖底的藻类、腐败的碎屑以及植物为食的鱼类生物量较为稳定。近年来，以浮游动物为食的鱼类(如刀鲚、银鱼和鳙等)，以及一些摄食浮游动物的肉食性鱼类幼体的数量上升，导致浮游动物的摄食压力加大。白马湖中的肉食性鱼类的种类数占鱼类的总物种数的百分比以及其在渔获物中的百分比虽然不大，但一直占有一定的比例，加之位于食物链高端，在整个湖泊鱼类的相互关系中起很重要的作用，代表性鱼类主要为翘嘴鲌、蒙古鲌、乌鳢、鳜等。

大规模围网养殖给白马湖造成了严重污染，同时也深刻改变着白马湖的水生态环境。目前白马湖网围养殖技术仍然相对落后，模式仍然较为粗放，高效生态健康养殖技术尚未普及，亩产量低。为保障渔业资源的稳定，恢复白马湖水生生物的多样性，淮安市白马湖办在近年春季封湖禁渔期组织了增殖放流活动，主要投放鲢、鳙、青鱼等品种，2015 年累计投放鱼苗 4.1 万 kg。因而目前形成了主要经济鱼类及小型鱼类并存、受水产养殖及放流影响的鱼类群落结构。

7.3 渔业资源变化趋势

1. 白马湖渔业资源概况

白马湖区域内气候温和，四季分明，雨量充沛。湖区水位变幅较小、换水周期较短、淤泥层厚、有机质含量较高，有利于水生动植物的生存，因此鱼类资源丰富。白马湖原与上游洪泽湖和下游宝应湖相连，鱼类物种组成与上下游湖泊类似，20 世纪 50 年代前，统计有鱼类 70 种左右，主要经济鱼类有鲤、鲫、乌鳢、黄鳝、黄颡鱼、鳊、草鱼、鲢、鳙、沙塘鳢等。但是由于水生高等植物广布，生境差异明显，所以捕捞渔获物组成存在差异，以草食性和杂食性鱼类为主，代表性鱼类如鲤、鲫、鳊、鳜、黄颡鱼、乌鳢等，鲤、鲫约占总产量的 40%，鳊、鳜、乌鳢、黄颡鱼产量占有一定比重，银鱼、鲚极少。20 世纪 70 年代投放大量青鱼、草鱼、鲢、鳙、鲤和团头鲂等鱼苗，并采取一系列资源繁殖保护措施强化管理，渔业生产有所回升。白马湖区域鱼类物种数变化趋势见图 7.3。

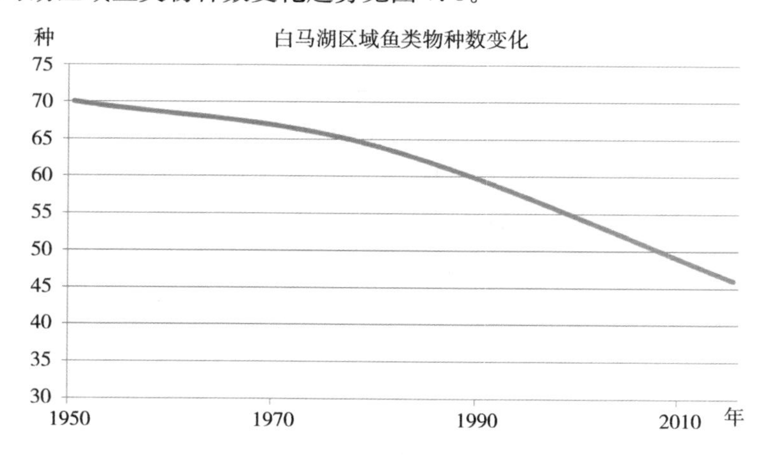

图 7.3 白马湖区域鱼类物种数变化趋势

根据 20 世纪 80 年代调查报道，白马湖鱼类共有 16 科 64 种，其中鲤科鱼类 37 种，占总物种数的 55%；定居性鱼类，包括鲤、鲫、鲚属、银鱼属、鳊鲌类等共计

53 种，占全湖鱼类种数的 83%，“1982 年全湖捕捞产量 3 250 吨，平均亩[①]产近 20 公斤，位居大型湖泊单产之首”。自 20 世纪 80 年代中期起，沿湖县区实施渔业大开发，大面积发展围网养殖，湖区渔业生产方式遂由捕捞为主转向以养殖为主。20 世纪末，白马湖全湖开发湖面 84.37 km^2，占总面积的 76%。政府与民众逐渐认识到白马湖过度开发带来的负面效应，自 2005 年起，不断推进退渔还湖，发展生态养殖，建设渔业资源常年繁殖保护区，2014 年，白马湖围网面积为 21.60 km^2，至 2019 年，白马湖围网面积为 7.02 km^2。

2. 白马湖渔业经济发展阶段性特点

白马湖渔业经济发展大致可以分为三个阶段：

第一阶段是在中华人民共和国成立前期，白马湖渔业以闲散流动渔民与本地沿湖兼业渔民从事无序捕捞生产为主，各自为政，湖面上渔事矛盾频发，湖匪渔霸肆无忌惮地横行整个白马湖，欺压渔民，渔民生活在水深火热之中。

第二阶段是中华人民共和国成立以后，湖区渔业生产按照计划经济的模式实行社会主义公有制，沿湖地方纷纷组建了专业的捕捞大队。而后，为了统一管理全湖渔业生产，维护安定团结的大好局面，由中国人民解放军江苏省军事管制委员会生产委员会批准成立了“江苏省白马湖湖泊水产资源繁殖保护委员会”，后改为现在的“江苏省白马湖渔业生产管理委员会”，沿湖各地派出干部参与管理，白马湖渔业经济开始有了跨越性发展。这一阶段白马湖主要以捕捞为主，沿湖长期从事捕捞生产的渔民超过 7 300 人，主要捕捞方式为网簖、丝网等，年均捕捞量 3 000 t。

第三阶段是在 20 世纪末，随着形势的发展，白马湖渔业资源经历了一个与江苏省其他湖泊相似的演变，沿湖各地纷纷争霸湖面，争相开发利用湖区资源，大力度、超常规、迅猛发展养殖业，湖区网围、土墩连片，彻底改变了渔业生产结构，沿湖广大专业渔民也被迫无奈转向养殖生产——到 20 世纪末，全湖共开发湖面 12.5 万亩，占总面积的 76%，湖区渔业总产量 60 000 t，其中养殖产量 5 800 t，捕捞产量仅为 2 000 t。

① 1 亩约等于 666.67 m^3。

8 水生生物的环境响应特征

8.1 水生生物学指数评估

1. 浮游动物生物学指数

轮虫发育时间快，生命周期短，能较为迅速地反映环境的变化，被认为是很好的指示生物，一般可根据白马湖中轮虫的种类和数量来推测白马湖营养型的变化。有关轮虫的指示种，不同的学者有不同的观点，但对多数轮虫指示种类的观点较为一致。一般认为，白马湖富营养典型指示种类为：臂尾轮虫、裂足轮虫、暗小异尾轮虫、长三肢轮虫、螺形龟甲轮虫、矩形龟甲轮虫、沟痕泡轮虫、裂痕龟纹轮虫、圆筒异尾轮虫、真翅多肢轮虫。Sladeck 根据臂尾轮虫 B 大多属于富营养型种，异尾轮虫 T 大多属于贫营养型种，提出了常用于评价水质营养情况的 B/T 指数。

$B/T=B$(臂尾轮虫属的种数)$/T$(异尾轮虫属的种数)。当 $B/T<1$ 时，为贫营养型湖泊；当 B/T 在 1～2 之间时，为中营养型湖泊；当 $B/T>2$ 时，为富营养型湖泊。由表 8.1 可知，白马湖各站点的 $Q_{B/T}$ 值变化范围为 0.33～3，均值为 1.30，所以白马湖整体上为中营养型湖泊。

表 8.1　白马湖各监测点浮游动物群落的 $Q_{B/T}$ 值

站点	BMH - 01	BMH - 02	BMH - 03	BMH - 04	BMH - 05	BMH - 06	BMH - 07	BMH - 08	BMH - 09	BMH - 10	BMH - 11
$Q_{B/T}$	0.33	1	1	1	3	0.67	1.33	1.5	1	0.5	3

结合白马湖生态功能区进行 $Q_{B/T}$ 值分析，资源保留区（BMH - 05、BMH - 06、BMH - 10）的 $Q_{B/T}$ 值变化范围为 0.5～3，均值为 1.39，其中，BMH - 05 站点位于资源保留区北部中心位置，旁有浔河汇入带来大量居民生活污水，导致水体富营养化程度较高；BMH - 10 站点靠近景观娱乐区。景观娱乐区（BMH - 02、BMH - 11）的 $Q_{B/T}$ 值变化范围为 1～3，均值为 2。其中 BMH - 11 站点靠近白马湖的南部，该区域水体较深，周边有较密集的人口活动，生活污水较多，导致水体

富营养化程度较高；BMH－02 站点靠近白马湖的北岸。生态养殖区（BMH－03、BMH－08、BMH－09）的 $Q_{B/T}$ 值变化范围为 1～1.5，BMH－03 站点位于白马湖的北部，BMH－08 站点位于白马湖的西南部，附近有交汇的山阳河和草泽河，会导致陆域有机污染物、营养盐等污染物进入白马湖区。生态净化与恢复区（BMH－01）的 $Q_{B/T}$ 值为 0.33；水源地保护区站点（BMH－04）的 $Q_{B/T}$ 值为 1；渔业资源繁保区站点（BMH－7）的 $Q_{B/T}$ 值为 1.33，BMH－07 站点处于渔业繁保区且靠近资源保留区的位置。

2. 底栖动物生物学指数

底栖无脊椎动物个体较大、寿命较长、活动范围小，对环境条件改变反应灵敏，能够准确反映水质状况，是监测污染、评价水质的理想指示生物。通过对底栖无脊椎动物群落结构调查研究，可以客观地分析和评价湖泊营养状况。通常采用以下几种生物指数试评价白马湖营养及污染状况。

（1）Wright 指数：从寡毛类的平均密度来评价水体水质。当其密度低于 100 ind./m^2 时为无污染；100～999 ind./m^2 时为轻污染；1 000～5 000 ind./m^2 时为中度污染；而在 5 000 ind./m^2 以上时为严重污染。

（2）Goodnight 生物指数：从颤蚓属生物的个体总数占比上来评价水体水质。当其小于 0.6 时为轻污染；0.6～0.8 之间时为中度污染；大于 0.8 时则为重度污染。计算公式如下：

$$G = n_T / N$$

式中：

G ——Goodnight 生物指数；

n_T ——底栖动物群落中颤蚓属的总个数；

N ——底栖动物群落中总体生物个数。

（3）BPI 生物学指数：从寡毛类、蛭类和摇蚊幼虫与其他底栖动物的个数比值上来评价水体水质。当其小于 0.1 时为清洁；0.1～0.5 时为轻污染；0.5～1.5 时为 β－中污染；1.5～5.0 时为 α－中污染；大于 5.0 时为重污染。计算公式如下：

$$BPI = \frac{\log(N_1 + 2)}{\log(N_2 + 2) + \log(N_3 + 2)}$$

式中：

BPI ——生物学污染指数；

N_1 ——寡毛类、蛭类和摇蚊幼虫个体数；

N_2 ——多毛类、甲壳类、除摇蚊幼虫以外其他的水生昆虫个体数；

N_3 ——软体动物个体数。

(4) Shannon-Wiener 多样性指数：通过底栖动物的生物多样性水平来评价水体水质。当其小于 1.0 时为重污染；1.0～3.0 时为中污染；大于 3.0 时为轻污染乃至无污染。计算公式如下：

$$H=-\sum_{i=1}^{n}\left[\left(\frac{n_i}{N}\right)\ln\left(\frac{n_i}{N}\right)\right]$$

式中：

H ——Shannon-Wiener 多样性指数；

n_i ——底栖动物群落中第 i 个种的个体数目；

N ——底栖动物群落中所有种的个体总数；

n ——底栖动物群落中的种类数。

利用的底栖动物监测数据，计算了各采样点四种生物学指数得分(图 8.1 至图 8.4)，并将 2020 年、2019 年的监测结果进行了对比。结果(图 8.1)显示，2020 年寡毛类的 Wright 指数不高，所有监测点的 Wright 指数均低于60 ind./m^2，所有 11 个监测点的 Wright 指数平均值为 39.75 ind./m^2。其中 BMH－04 监测点的 Wright 指数最高，为 56.28 ind./m^2；而 BMH－11 监测点的 Wright 指数最低，为 23.81 ind./m^2。依据 Wright 指数的评价标准来看，2020 年白马湖污染指数处于无污染状态，除 BMH－10 监测点外，其他监测点的 Wright 指数均低于前两年。

由图 8.2 可以看出，2020 年白马湖 11 个监测点的 Goodnight 指数均小于 0.6，均值为 0.38；最大值为 0.52，出现在 BMH－10 监测点；最小值为 0.14，出现在 BMH－02 监测点。除 BMH－09 点外，白马湖其余 10 个监测点的 Goodnight 指数较上一年都有所上升，但整体结果反映出水体水质处于轻污染状态。

从图 8.3 可以看出，2020 年白马湖 11 个监测点的 BPI 指数均值为 1.35，最大值为 1.84，出现在 BMH－02 监测点；最小值为 0.67，出现在 BMH－09 监测点。BPI 指数在各个监测点之间呈现出北部水域较高、中部和南部水域较低的特征，特别是 BMH－01、BMH－02、BMH－04、BMH－10 监测点的 BPI 指数超过1.5，水体水质呈现出 α－中污染的情况；而其余监测点的 BPI 指数低于 1.5，水体处于 β－中污染的程度。但所有监测点的 BPI 指数较 2019 年和 2018 年呈下降趋势，水体水质污染程度下降。

从图 8.4 可以看出，2020 年白马湖 11 个监测点底栖动物群落的 Shannon-Wiener 指数处于 1.44 到 2.14 之间，均值为 1.85，表明白马湖水体水质处于中污染的状态。与 2018 年、2019 年相比，Shannon-Wiener 指数略有上升，但整体变化不大。综合以上四种指数的评价结果，白马湖水体水质现状态处于轻度至中度污染状态。

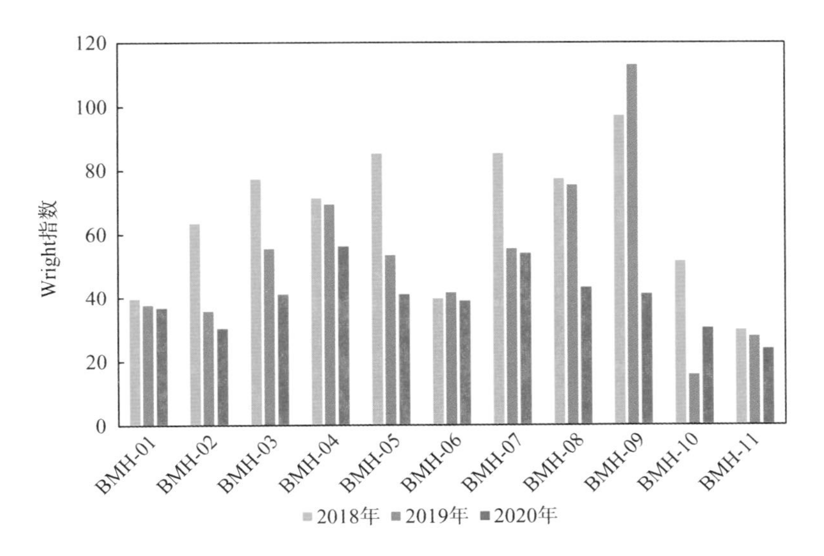

图 8.1　白马湖底栖动物群落的 Wright 指数及历年比较

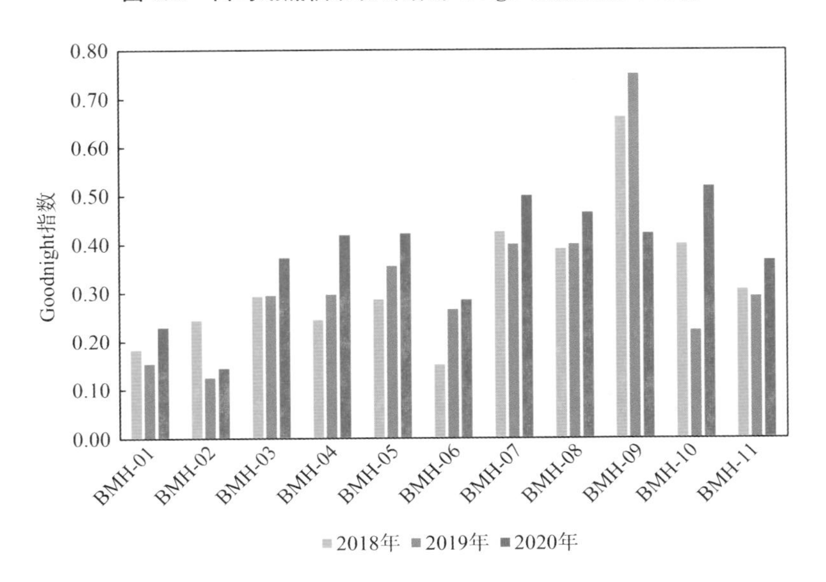

图 8.2　白马湖底栖动物群落的 Goodnight 生物学指数及历年比较

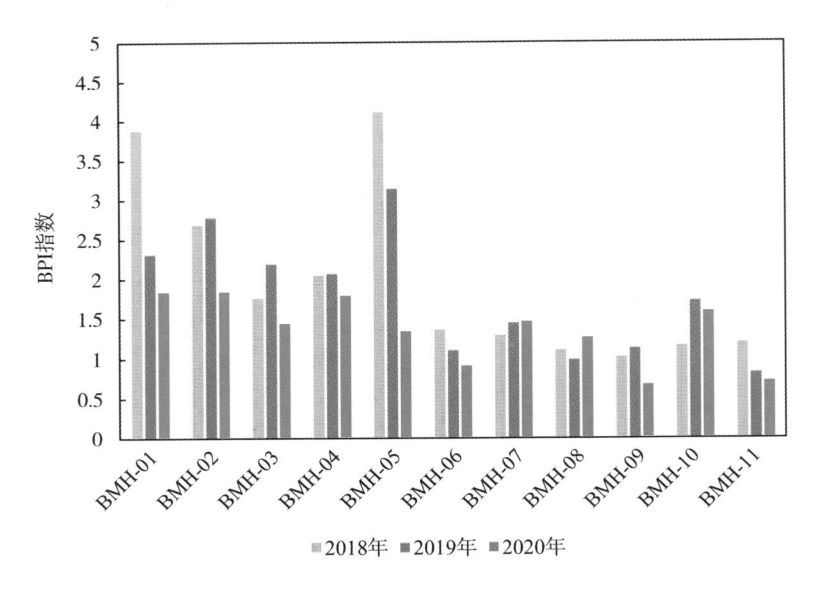

图 8.3　白马湖底栖动物群落的 BPI 指数及历年比较

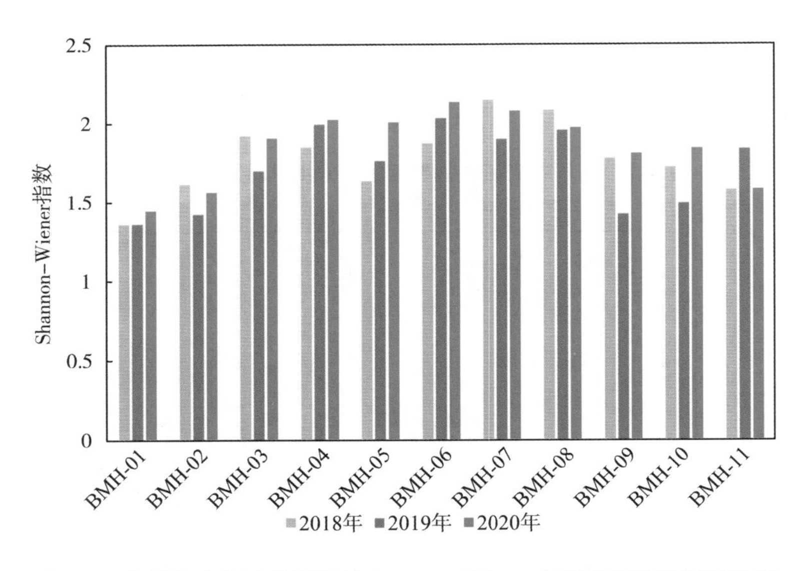

图 8.4　白马湖底栖动物群落的 Shannon-Wiener 多样性指数及历年比较

8.2　监测年度内工程措施的重要影响

白马湖湖区内的保护与开发利用工程主要发生在北部湖区和南部湖区，分别是北部湖区的旅游景点开发、桥梁建设和南部湖区的退圩还湖工程，因此，这些保护与利用工程很大程度上会影响白马湖南北湖区之间的水生态状况。考虑到监测位点存在明显的南北湖区空间格局，可以使用Moran空间自相关检验来识别出主要水生生物指标的南北湖区差异性。2021年白马湖各物种计算分析结果如表8.2所示。

从表中可以看出，对于浮游植物群落来说，在全年和春季的时间尺度上绿藻门丰度的Moran空间自相关检验是显著的；在秋季，浮游植物总体丰度、蓝藻门丰度及相对丰度的检验结果是显著的。这意味着这些浮游植物类群的丰度在特定时间段上存在着一定的南北湖区的差异。

对于浮游动物群落来说，在全年尺度上，轮虫相对密度和枝角类密度、相对密度的检验结果是显著的；而在夏季，轮虫密度与相对密度、原生动物生物量与相对生物量、枝角类的密度与生物量的检验结果是显著的；在秋季，桡足类的密度与相对密度、浮游动物总体生物量的检验结果是显著的。这些指标预示着浮游动物群落在全年和各个季节上都存在一定的南北湖区的差异。

对于底栖动物群落来说，全年和冬季的摇蚊幼虫密度、相对密度以及软体动物的相对密度的Moran空间自相关检验是显著的。这意味着底栖动物群落可能存在的南北湖区的差异主要体现在占密度优势的摇蚊幼虫和占生物量优势的软体动物上。

表8.2　白马湖水生生物指标的Moran空间自相关检验结果

	全年		春季		夏季		秋季		冬季	
	观测值	*P*值	观测值	*P*值	观测值	*P*值	观测值	*P*值	观测值	*P*值
浮游植物群落										
蓝藻丰度	−0.07	0.246 0	−0.06	0.806 0	−0.11	0.688 0	0.46	0.014 0	0.03	0.518 0
绿藻丰度	0.08	0.040 0	0.39	0.050 0	0.05	0.998 0	0.10	0.454 0	−0.03	0.762 0
硅藻丰度	0.05	0.126 0	0.29	0.150 0	−0.11	0.521 0	−0.09	0.994 0	0.08	0.433 0
裸藻丰度	−0.06	0.370 0	0.06	0.560 0	0.28	0.984 0	0.09	0.429 0	0.07	0.553 0
隐藻丰度	0.01	0.468 0	0.25	0.153 0	−0.08	0.132 0	−0.17	0.665 0	−0.02	0.583 0
甲藻丰度	0.00	0.643 0	0.13	0.331 0	0.26	0.881 0	−0.14	0.793 0	−0.25	0.564 0
金藻丰度	−0.04	0.769 0	−0.21	0.607 0	—	—	—	—	0.03	0.607 0
黄藻丰度	−0.02	1.000 0	−0.13	0.799 0	−0.22	1	−0.18	0.364 0	0.02	0.524 0
总体丰度	−0.07	0.295 0	0.07	0.229 0	−0.01	0.518 0	0.46	0.013 0	0.12	0.398 0
蓝藻占比	−0.07	0.301 0	−0.14	0.878 0	−0.23	0.726 0	0.57	0.015 0	0.08	0.363 0
绿藻占比	−0.04	0.765 0	0.08	0.450 0	0.17	0.601 0	0.23	0.174 0	0.08	0.443 0

续表

	全年		春季		夏季		秋季		冬季	
	观测值	P值	观测值	P值	观测值	P值	观测值	P值	观测值	P值
浮游植物群落										
硅藻占比	0.04	0.247 0	0.11	0.412 0	−0.46	0.294 0	0.35	0.052 0	−0.06	0.864 0
裸藻占比	0.01	0.588 0	0.18	0.226 0	0.15	0.146 0	0.22	0.198 0	−0.20	0.707 0
隐藻占比	−0.04	0.679 0	−0.21	0.673 0	0.13	0.314 0	−0.09	0.923 0	−0.15	0.834 0
甲藻占比	−0.03	0.932 0	−0.32	0.355 0	−0.01	0.413 0	−0.27	0.358 0	−0.37	0.226 0
金藻占比	0.04	0.174 0	−0.09	0.993 0	—	—	—	—	0.13	0.384 0
黄藻占比	−0.01	0.849 0	−0.09	0.875 0	0.37	1	−0.18	0.361 0	0.02	0.540 0
Shannon	−0.01	0.785 0	−0.10	0.998 0	0.35	0.059 0	−0.19	0.680 0	0.33	0.081 0
Pielou	−0.06	0.414 0	−0.06	0.806 0	0.09	0.074 0	−0.20	0.612 0	−0.24	0.575 0
NMDS1	−0.07	0.287 0	0.08	0.483 0	−0.12	0.470 0	−0.09	0.990 0	−0.10	0.997 0
NMDS2	0.05	0.108 0	0.17	0.288 0	−0.11	0.936 0	0.64	0.004 0	0.14	0.354 0
浮游动物群落										
原生动物密度	−0.05	0.610 0	−0.35	0.332 0	0.36	0.091 0	−0.33	0.323 0	−0.28	0.483 0
轮虫密度	−0.03	0.970 0	−0.15	0.672 0	−0.55	0.022 0	0.02	0.566 0	−0.49	0.097 0
枝角类密度	0.16	0.007 0	0.00	0.730 0	0.46	0.017 0	0.29	0.124 0	0.36	0.086 0
桡足类密度	−0.10	0.118 0	0.17	0.181 0	−0.10	0.995 0	−0.59	0.048 0	0.56	0.007 0
总体密度	−0.04	0.654 0	−0.28	0.250 0	−0.39	0.285 0	0.03	0.641 0	−0.44	0.174 0
原生动物密度占比	0.07	0.061 0	0.23	0.181 0	0.63	0.009 0	−0.17	0.792 0	−0.38	0.297 0
轮虫密度占比	0.09	0.038 0	0.25	0.182 0	0.65	0.004 0	−0.11	0.958 0	−0.36	0.305 0
枝角类密度占比	0.03	0.216 0	0.05	0.250 0	0.06	0.349 0	0.27	0.065 0	0.00	0.711 0
桡足类密度占比	−0.05	0.562 0	0.12	0.240 0	−0.18	0.777 0	−0.72	0.010 0	−0.16	0.783 0
原生动物生物量	0.08	0.036 0	−0.33	0.325 0	0.64	0.003 0	0.21	0.238 0	−0.07	0.856 0
轮虫生物量	0.02	0.357 0	−0.23	0.572 0	−0.40	0.194 0	0.35	0.051 0	−0.50	0.091 0

续表

	全年		春季		夏季		秋季		冬季	
	观测值	P 值	观测值	P 值	观测值	P 值	观测值	P 值	观测值	P 值
浮游动物群落										
枝角类生物量	0.16	0.004 0	−0.19	0.676 0	0.43	0.019 0	0.34	0.070 0	0.37	0.072 0
桡足类生物量	−0.08	0.237 0	0.15	0.222 0	−0.18	0.737 0	−0.30	0.286 0	0.01	0.724 0
总体生物量	0.07	0.061 0	−0.18	0.662 0	0.25	0.144 0	0.53	0.012 0	0.30	0.097 0
原生动物生物量占比	−0.02	0.982 0	0.07	0.039 0	0.60	0.011 0	−0.13	0.834 0	−0.25	0.524 0
轮虫生物量占比	0.00	0.608 0	−0.02	0.781 0	0.07	0.544 0	0.03	0.572 0	−0.28	0.474 0
枝角类生物量占比	0.00	0.615 0	−0.22	0.572 0	0.31	0.086 0	0.19	0.242 0	0.29	0.121 0
桡足类生物量占比	−0.05	0.691 0	0.14	0.322 0	−0.24	0.612 0	−0.53	0.089 0	−0.40	0.246 0
Shannon	−0.03	0.964 0	0.15	0.353 0	−0.01	0.755 0	−0.21	0.619 0	−0.31	0.355 0
Pielou	0.01	0.499 0	0.34	0.022 0	−0.33	0.363 0	−0.08	0.948 0	−0.11	0.986 0
NMDS1	−0.06	0.478 0	0.22	0.187 0	−0.16	0.820 0	−0.40	0.254 0	0.15	0.321 0
NMDS2	−0.04	0.787 0	−0.05	0.793 0	0.03	0.634 0	−0.51	0.104 0	−0.02	0.758 0
底栖动物群落										
摇蚊幼虫密度	0.06	0.032 0	−0.17	0.802 0	−0.18	0.778 0	0.29	0.096 0	0.34	0.025 0
寡毛类密度	0.05	0.130 0	−0.22	0.615 0	0.12	0.342 0	−0.36	0.300 0	−0.02	0.774 0
软体动物密度	0.05	0.091 0	−0.27	0.512 0	0.20	0.187 0	−0.08	0.971 0	0.07	0.428 0
总体密度	−0.02	0.954 0	0.15	0.341 0	−0.48	0.130 0	−0.15	0.823 0	0.20	0.123 0
摇蚊幼虫密度占比	0.11	0.012 0	−0.51	0.094 0	0.23	0.233 0	0.28	0.122 0	0.44	0.038 0
寡毛类密度占比	−0.02	0.899 0	−0.43	0.185 0	−0.23	0.664 0	−0.02	0.725 0	0.29	0.143 0
软体动物密度占比	0.08	0.048 0	−0.46	0.169 0	0.40	0.021 0	−0.26	0.550 0	0.43	0.040 0

续表

	全年		春季		夏季		秋季		冬季	
	观测值	P 值	观测值	P 值	观测值	P 值	观测值	P 值	观测值	P 值
底栖动物群落										
摇蚊幼虫生物量	−0.05	0.620 0	0.07	0.535 0	−0.30	0.424 0	−0.16	0.734 0	−0.37	0.251 0
寡毛类生物量	0.02	0.342 0	−0.18	0.763 0	0.02	0.520 0	0.31	0.120 0	−0.10	0.962 0
软体动物生物量	−0.02	0.846 0	−0.14	0.850 0	−0.06	0.862 0	−0.06	0.766 0	−0.15	0.841 0
总体生物量	−0.01	0.781 0	−0.13	0.861 0	−0.09	0.987 0	−0.07	0.783 0	−0.04	0.714 0
摇蚊幼虫生物量占比	0.03	0.326 0	−0.03	0.758 0	−0.25	0.203 0	−0.06	0.831 0	−0.01	0.731 0
寡毛类生物量占比	−0.01	0.729 0	−0.26	0.555 0	−0.12	0.949 0	−0.29	0.470 0	−0.17	0.840 0
软体动物生物量占比	−0.03	0.902 0	−0.33	0.410 0	−0.12	0.977 0	−0.25	0.556 0	−0.01	0.751 0
Shannon	0.06	0.096 0	0.25	0.159 0	−0.18	0.779 0	−0.27	0.474 0	0.34	0.067 0
Pielou	0.04	0.108 0	0.51	0.023 0	−0.28	0.486 0	0.03	0.600 0	0.46	0.011 0
NMDS1	0.02	0.394 0	−0.46	0.165 0	0.17	0.311 0	−0.03	0.830 0	−0.05	0.861 0
NMDS2	−0.02	0.847 0	−0.30	0.420 0	−0.16	0.824 0	−0.36	0.283 0	−0.26	0.412 0

通过上述对水生生物指标的 Moran 空间自相关检验分析，我们可以看到 2021 全年度中白马湖的浮游植物、浮游动物以及底栖动物群落中的特定类群指标在湖区的空间上存在一定的固定变化模式，这些显著性的检验结果证明了水生生物在白马湖南北湖区之间具有特定的分布模式，结合白马湖 2021 年开展的保护与开发利用工程，这些水生生物指标的变化过程在一定程度上反映了工程措施的具体影响过程。

因此，汇总已分析的这些水生生物指标的空间变化特征，2021 年白马湖保护与开发利用工程的影响下：

（1）浮游植物群落的总体丰度和绿藻门的丰度在南部湖区的监测位点上相对较高，很可能是南部湖区退圩还湖工程起到了促进作用。其中需要注意的是，监测位点 BMH－02 靠近白马湖大道跨湖大桥和新修建的串联旅游小岛，其浮游植物丰度的变化幅度较高，也有可能是受到了这些开发利用工程的影响。

（2）浮游动物群落也表现出与浮游植物群落相类似的规律，主要类群的密度和相对占比在南部湖区较高，也很可能是南部湖区退圩还湖工程起到了促进作用。考虑到枝角类、桡足类等低优势度的类群在不同湖区之间可能存在的分布差异，需要进一步研究探明这些低丰度类群的空间分布特征及主要成因。

(3) 底栖动物群落中摇蚊幼虫与软体动物类群表现出了非常明显的南北湖区差异，即北部湖区的摇蚊幼虫与软体动物密度更高，而南部湖区的摇蚊幼虫与软体动物生物量更高。这种差异性很可能有历史因素，即在长期的富营养状态的支撑下，底栖动物群落形成了相对固定的物种组成与关联关系。开发利用工程带来的影响对底栖动物的作用较弱，表明底栖动物群落存在一定的对外界干扰的耐受性(或滞后性)，具体的变化情况仍需要在未来几年的监测评估中进行追踪分析。

9 湖泊水生态系统健康诊断

9.1 现状总结

白马湖的水生态系统特征总结如下：

(1) 2021 年白马湖湖区水质的主要污染物仍然是总氮、总磷，但较 2020 年度有明显的减少，其中总氮含量从 2020 年度的 5.12 mg/L 减少到 2021 年度的 3.31 mg/L，总磷含量从 2020 年度的 0.153 mg/L 减少到 2021 年度的 0.140 mg/L。出入湖河道上的主要污染物是总氮、总磷。

(2) 2021 年白马湖中的蓝藻门、绿藻门仍是浮游植物群落中的优势类群，在夏季丰度明显升高；浮游动物群落中的原生动物、轮虫、枝角类和桡足类是主要类群，在夏秋季节的丰度明显较高；底栖动物群落中摇蚊幼虫的密度占据绝对优势；软体动物的生物量占据绝对优势，但整体上在不同时间、空间上差异性不大。

(3)白马湖退圩还湖等保护工程对水生态的影响显著，突出在对南北湖区的水生生物群落有不同的影响方式，保护工程通过改变水体理化指标来影响水生生物群落的多样性和物种组成。但整体上，工程措施带来的环境影响作用有迹可循，能够被用于后期水生生物监测和预报分析工作中。

9.2 主要问题诊断

当前，白马湖仍存在着以下几点突出健康问题：

(1) 水环境方面：总氮、总磷仍是白马湖的主要污染物，其中西部和北部的农业面源污染起相对重要的贡献作用，有必要在流域层面上进行氮磷的削减控制。

(2) 水生生物方面：尽管白马湖的蓝藻暴发情况不严重，但夏季蓝藻门的丰度仍呈现出陡增的趋势，考虑到白马湖水体中超标的氮磷含量，有必要追踪白马湖中的蓝藻生长情况，避免退圩还湖后期可能发生的水华事件。

9.3 保护对策及建议

1. 加强白马湖流域化治理

白马湖的水生态环境特征不仅仅是单个湖泊的水生态问题，而是整个流域生态系统环境要素、社会要素等的综合反映。因此，要按照“节水优先、空间均衡、系统治理、两手发力”的治理理念，加强流域监测和治理，结合流域生态系统环境要素、社会要素，揭示主要水生态问题，进而提出流域化治理和水生态管理的对策，有助于实现流域生态功能的保护、恢复和增值。

2. 控制面源污染对北部水域影响

现阶段监测结果显示白马湖营养状态处于轻度富营养状态，作为浅水型湖泊，富营养化治理工作不容懈怠。外源性营养盐进入湖泊是导致白马湖富营养化的主要原因之一，因此，控制外源污染物排放是湖泊水环境治理的首要步骤。白马湖环湖主要分布有大量的农田以及村庄，表现为分散非点源污染，目前针对此类污染源的控制收效甚微，必要情况下可以采取生态护岸带、生态浮床等技术减少浔河、新河等入湖河道污染，削减其对白马湖氮磷负荷的贡献。

3. 巩固和稳定推荐退圩还湖工作

目前，白马湖北部和南部湖区已经按计划开展了退圩还湖的工程。然而，白马湖中部狭长水道附近，两侧密布围网及圈圩，过水断面被严重压缩，严重阻碍南北湖区水体的交换，营养物质易发生富集沉积，加剧富营养化程度。因此，有必要针对中部湖区进行有计划、有条理的退渔还湖、退圩还湖等工程措施，加强南北湖区的连通，提升白马湖的自由水面率。

4. 针对底泥论证开展清淤工作

综合总氮、总磷、有机质三个指标，白马湖湖区底泥总磷、有机质含量总体情况良好，但总氮含量较高，且在垂向分布上变化不大。建议适时采取生态清淤等措施，降低底泥内源污染的风险，同时可减少湖底沉积物的悬浮，提高湖水透明度，促进具有改善水体环境的沉水植物的生长。

附录 1　白马湖水系图

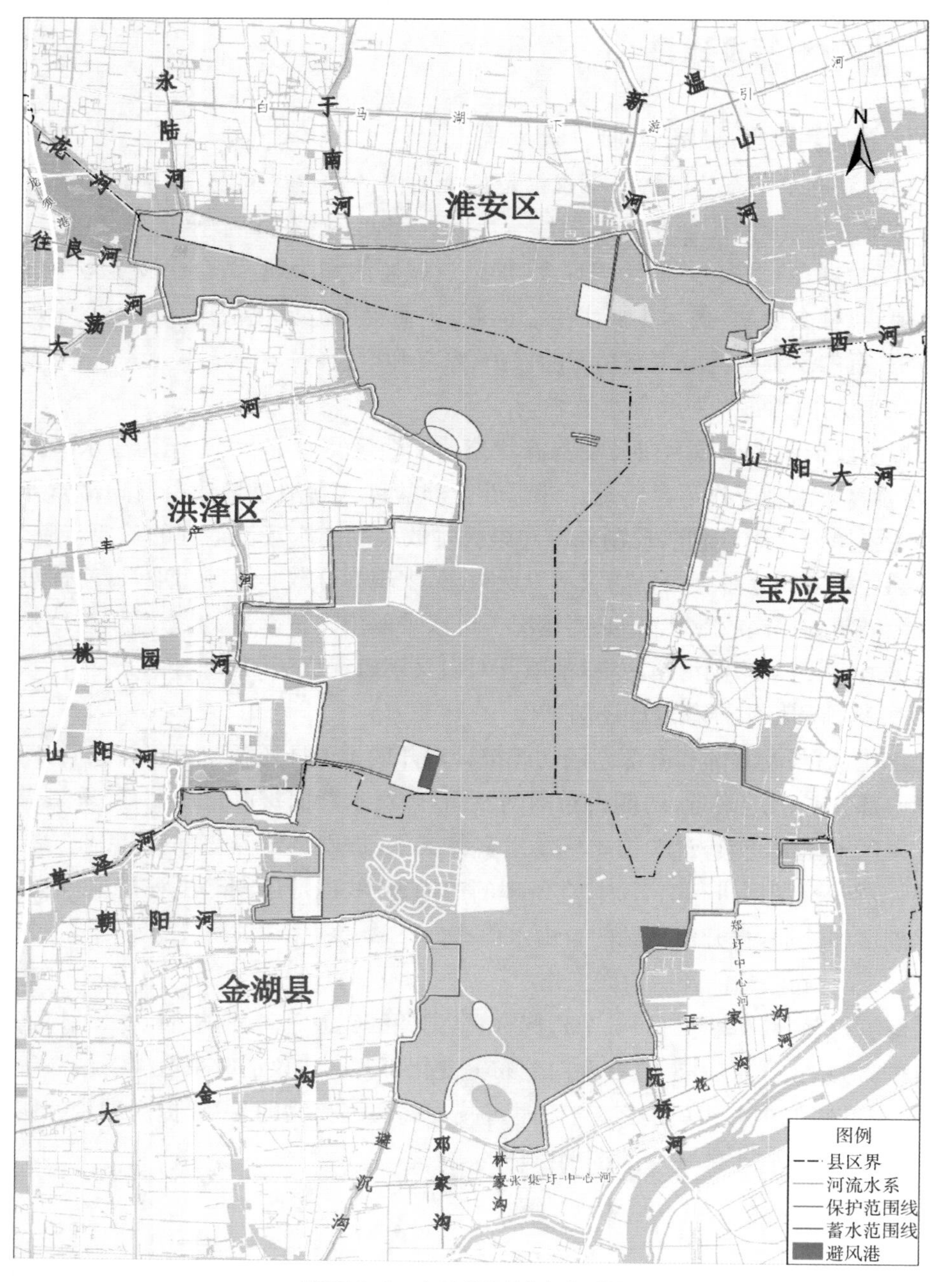

附图 1.1　白马湖区域内水系图

附录 2　白马湖水生态监测资料汇总

白马湖上共设定了 24 个监测位点(附图 2.1 和附表 2.1)，湖区上的 24 个监测点基本覆盖了白马湖典型区域(渔业资源繁保区、资源保留区、水资源保护区、生态养殖区、生态恢复与净化区、景观娱乐区)。1～11 号监测位点(BMH－01 至 BMH－11)用来监测白马湖湖区内的水体理化、浮游植物、浮游动物和底栖动物。包括这 11 个监测位点在内的所有 24 个监测位点，都用来监测水生高等植物。

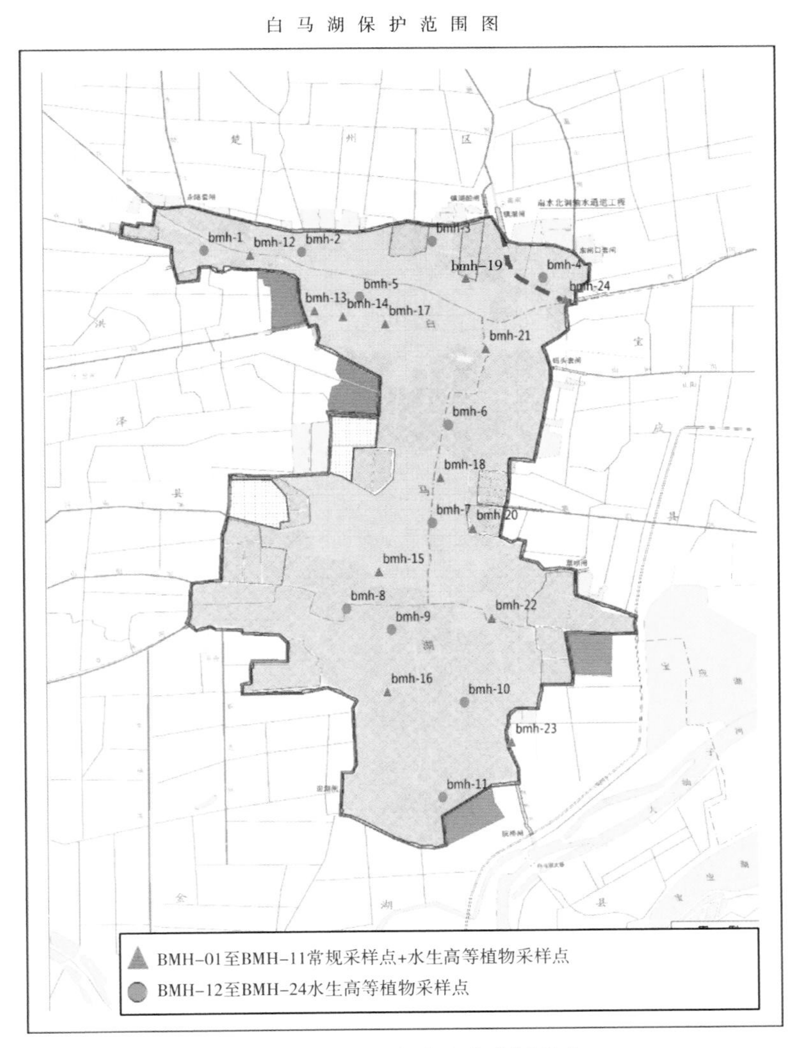

附图 2.1　白马湖水生态监测位点

在10条出入湖河道的河口位置上分别各布置了一个监测位点(BMHw-01至BMHw-10),用来监测出入湖河道的水体理化指标。各个监测位点的经纬度坐标及所在水体位置/水功能区划如附表2.1所示。

附表2.1　白马湖各监测位点信息表

位点编号	经度(东经)	纬度(北纬)	水功能区划	监测内容
BMH-01	119°071′313″	33°303′584″	资源保留区	全部水生生物
BMH-02	119°099′481″	33°302′994″	景观娱乐区	
BMH-03	119°137′089″	33°305′514″	生态养殖区	
BMH-04	119°169′013″	33°296′100″	水源地保护区	
BMH-05	119°116′023″	33°291′569″	生态养殖区	
BMH-06	119°141′413″	33°259′577″	资源保留区	
BMH-07	119°136′416″	33°235′420″	资源保留区	
BMH-08	119°111′533″	33°214′378″	生态养殖区	
BMH-09	119°124′433″	33°209′164″	生态养殖区	
BMH-10	119°145′334″	33°191′253″	资源保留区	
BMH-11	119°138′813″	33°167′813″	景观娱乐区	
BMH-12	119°084′556″	33°302′233″	生态恢复与净化区	只监测水生高等植物
BMH-13	119°103′023″	33°288′142″	资源保留区	
BMH-14	119°111′256″	33°286′583″	资源保留区	
BMH-15	119°120′942″	33°223′450″	渔业资源繁保区	
BMH-16	119°123′113″	33°193′947″	资源保留区	
BMH-17	119°123′378″	33°284′733″	资源保留区	
BMH-18	119°138′913″	33°246′636″	资源保留区	
BMH-19	119°146′789″	33°296′075″	水源地保护区	
BMH-20	119°148′113″	33°233′956″	入湖口	
BMH-21	119°152′313″	33°278′447″	资源保留区	
BMH-22	119°153′367″	33°211′744″	生态养殖区	
BMH-23	119°158′816″	33°181′367″	沿岸带	
BMH-24	119°175′386″	33°290′600″	水源地保护区	

续表

位点编号	经度(东经)	纬度(北纬)	水功能区划	监测内容
BMHw-01	119°121′021″	33°317′557″	三渔场河	只监测出入湖河道水体理化指标
BMHw-02	119°065′167″	33°320′717″	永济河	
BMHw-03	119°049′253″	33°319′978″	花河	
BMHw-04	119°041′667″	33°307′967″	往良河	
BMHw-05	119°414′167″	33°289′517″	大荡河	
BMHw-06	119°045′123″	33°273′505″	浔河	
BMHw-07	119°048′211″	33°237′410″	桃园河	
BMHw-08	119°042′527″	33°220′137″	山阳河	
BMHw-09	119°038′499″	33°196′813″	草泽河	
BMHw-10	119°156′713″	33°313′595″	新河	

附录 3　白马湖大小水生高等植物图片

附图 3.1　荷花丛群

附图 3.2　茭草＋狭叶香蒲＋芦苇丛群

附图 3.3　白马湖北部无水生高等植物

附图 3.4　空心莲子草＋荷花＋芦苇＋茭草伴生丛群

附图 3.5　狭叶香蒲丛群

附图 3.6　白马湖南部水盾草丛群

附录 4　白马湖浮游植物鉴定图片

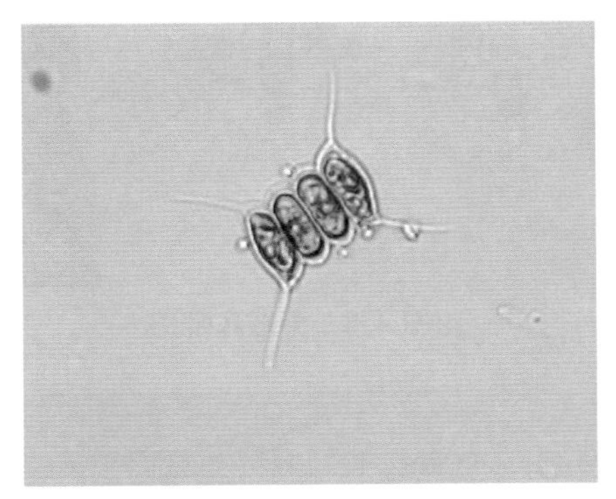

附图 4.1　四尾栅藻

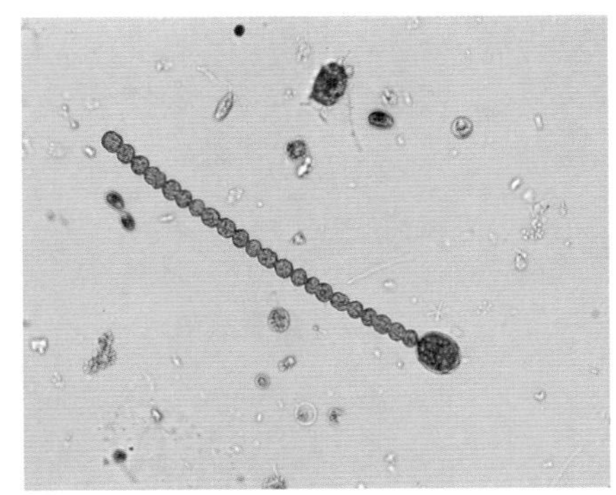

附图 4.2　伪鱼腥藻

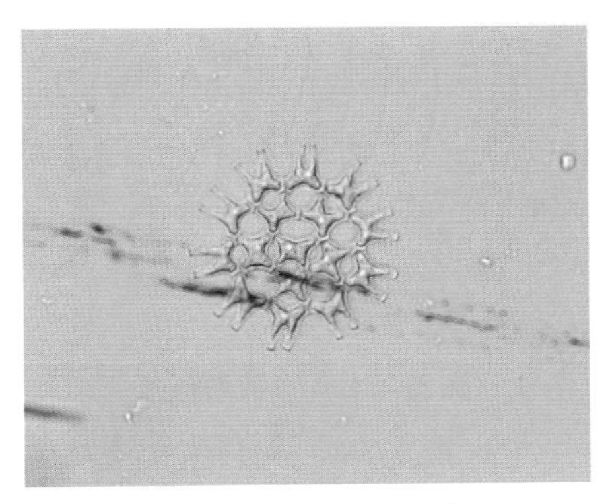

附图 4.3　二角盘星藻

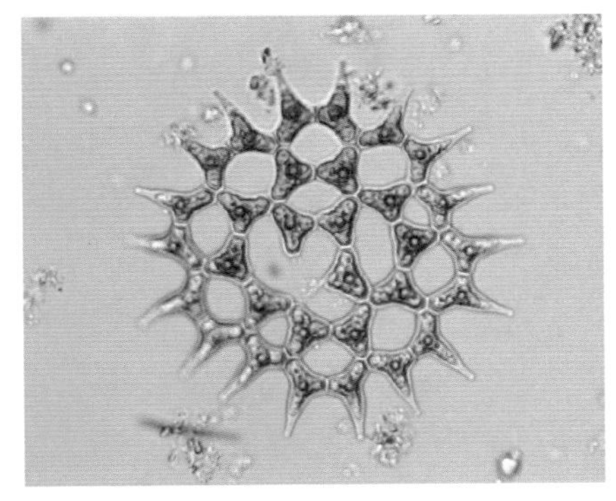

附图 4.4　单角盘星藻

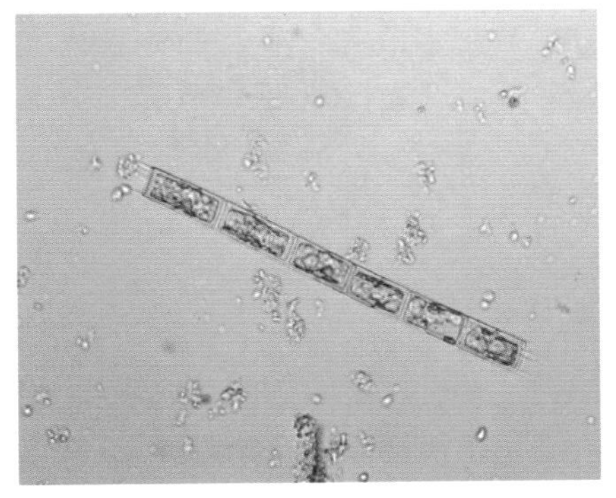

附图 4.5　颗粒直链藻

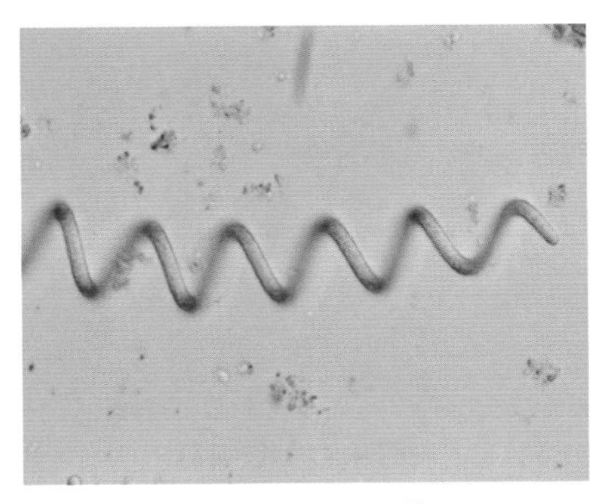

附图 4.6　螺旋藻

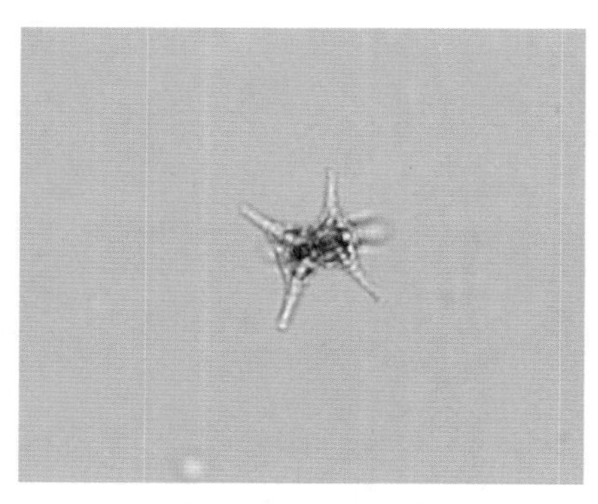

附图 4.7　角星鼓藻

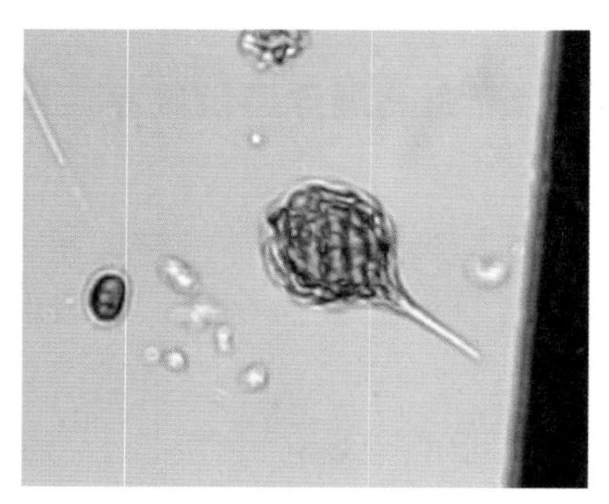

附图 4.8　梨形扁裸藻

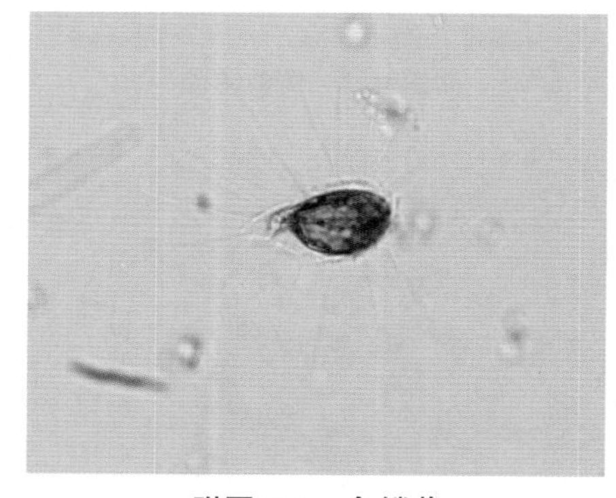

附图 4.9　鱼鳞藻

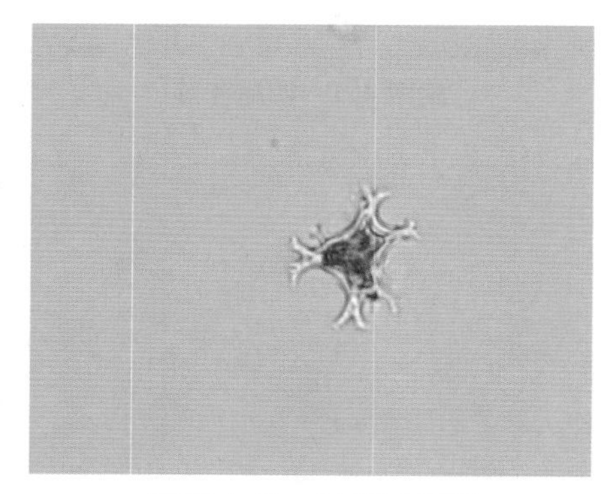

附图 4.10　二叉四角藻

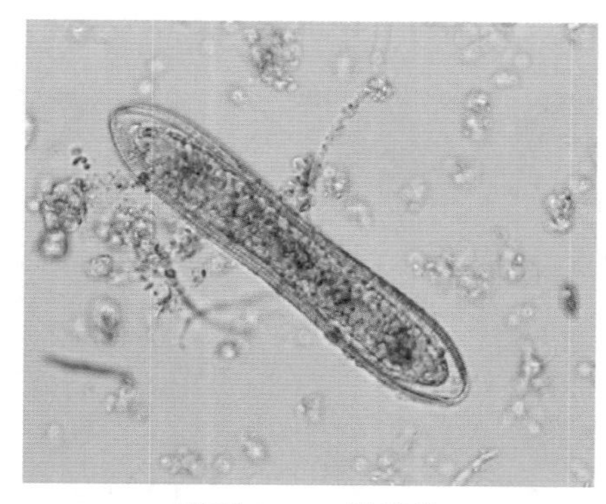

附图 4.11　波缘藻

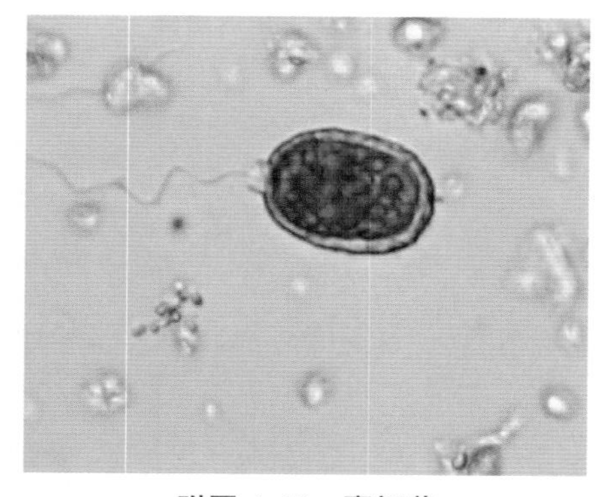

附图 4.12　囊裸藻

附录 5　白马湖浮游动物鉴定图片

1. 原生动物

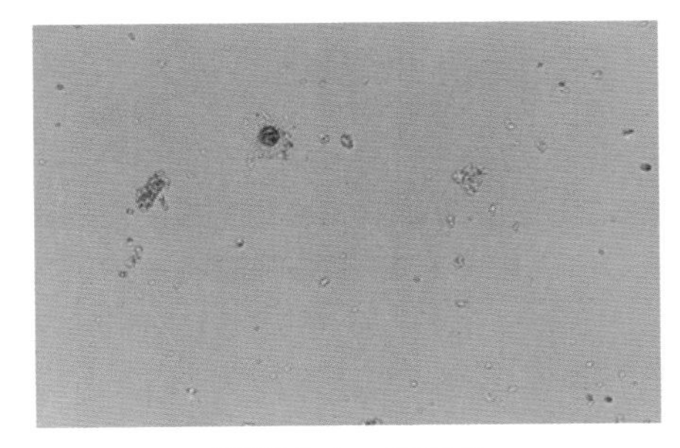

附图 5.1　侠盗虫

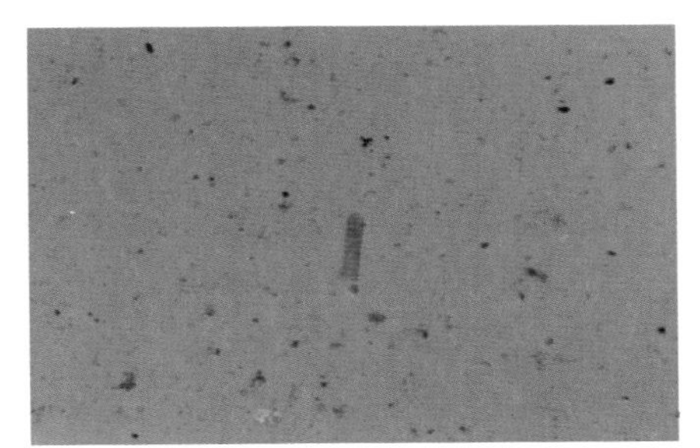

附图 5.2　长筒拟铃虫

2. 轮虫

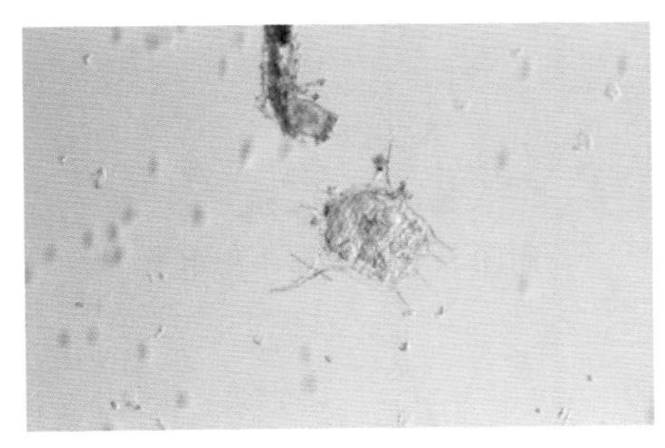

附图 5.3　萼花臂尾轮虫

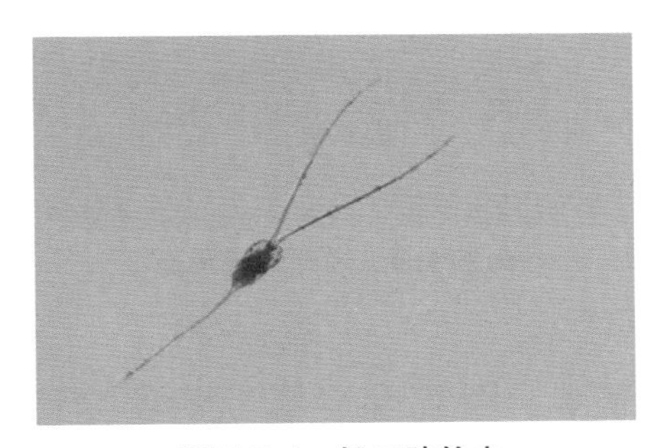

附图 5.4　长三肢轮虫

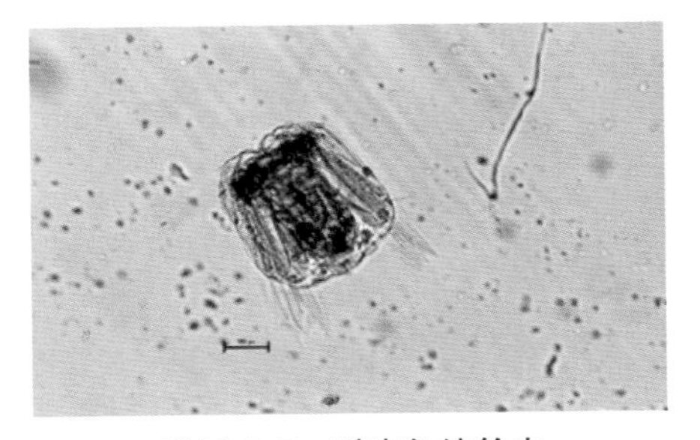

附图 5.5　裂痕龟纹轮虫

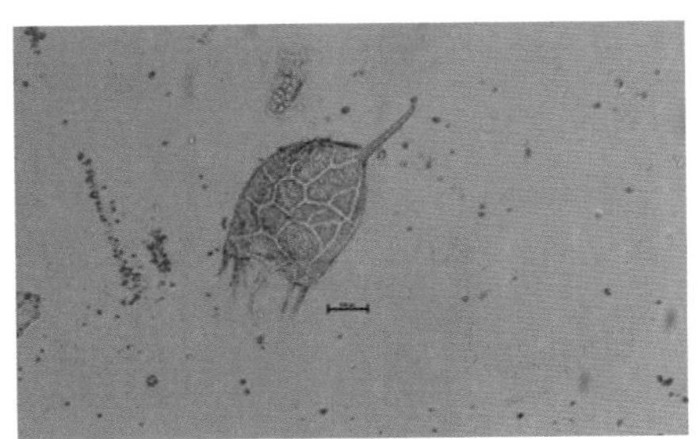

附图 5.6　螺形龟甲轮虫

3. 枝角类

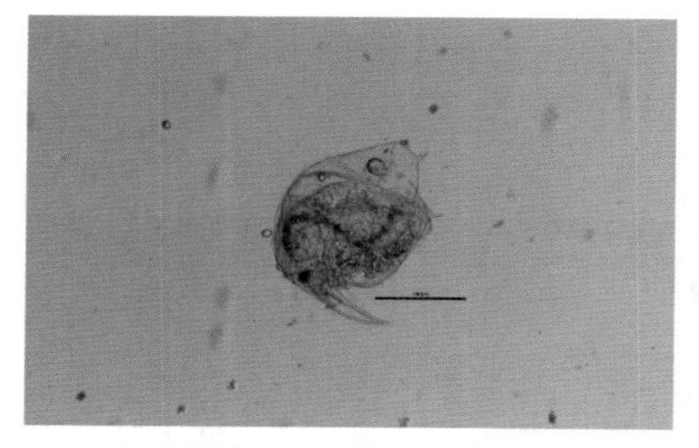

附图 5.7　简弧象鼻溞

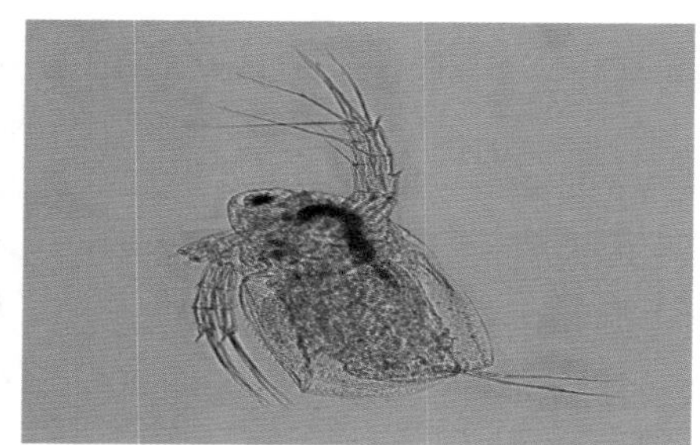

附图 5.8　微型裸腹溞

4. 桡足类

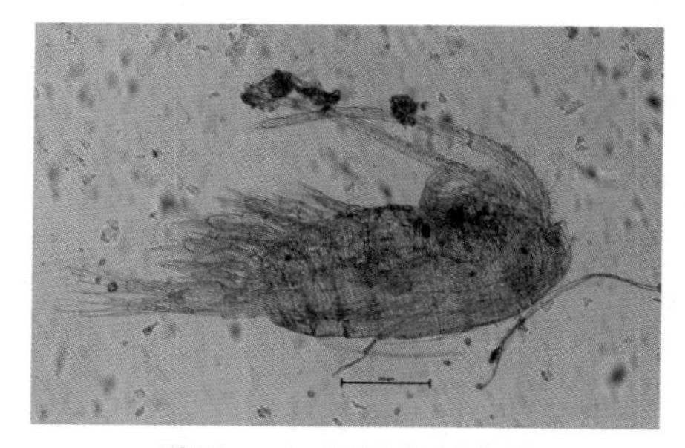

附图 5.9　汤匙华哲水蚤

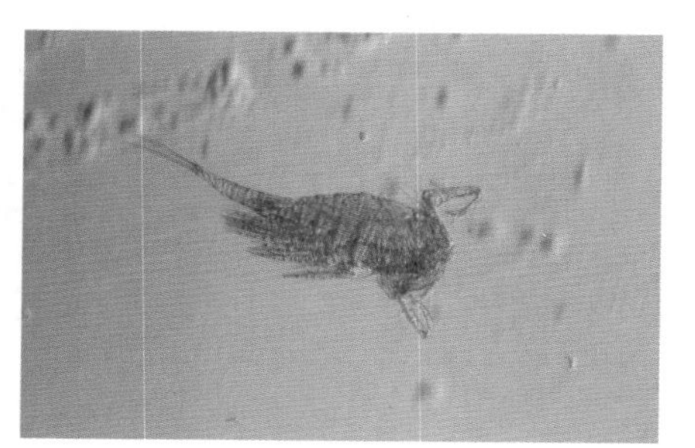

附图 5.10　广布中剑水蚤

附录 6　白马湖底栖动物鉴定图片

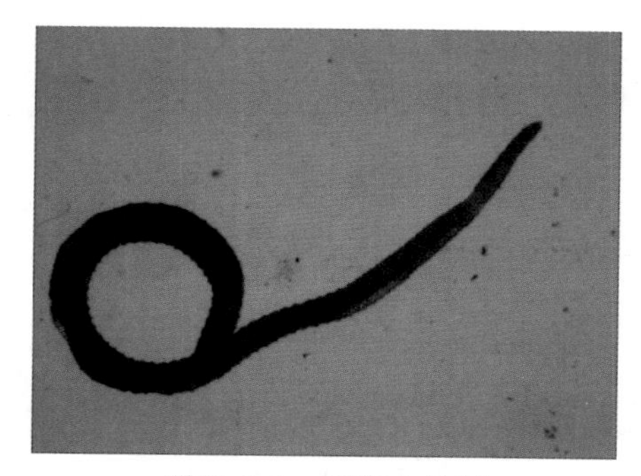

附图 6.1　霍甫水丝蚓

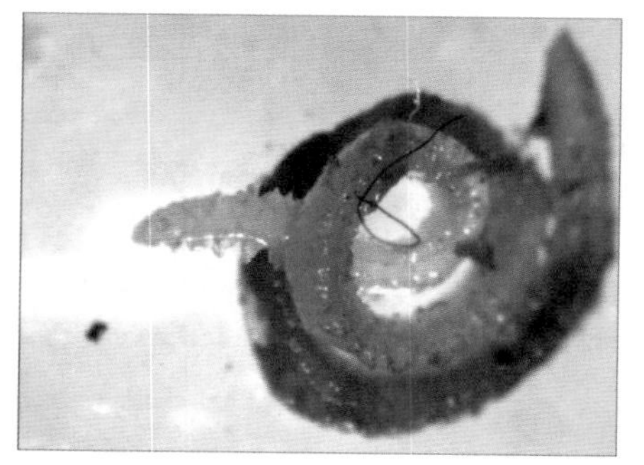

附图 6.2　苏氏尾鳃蚓

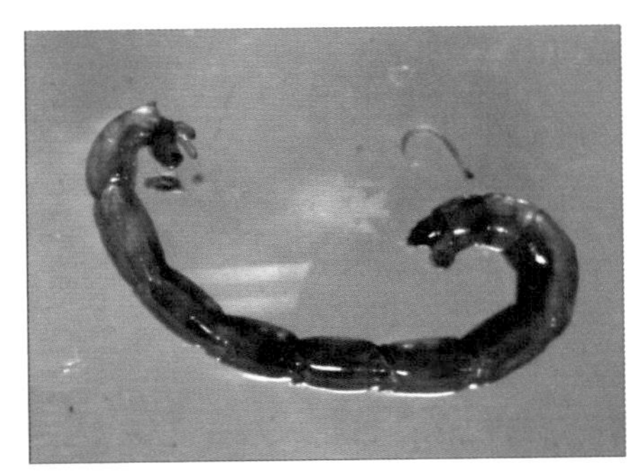
附图 6.3　红羽摇蚊

附图 6.4　羽摇蚊

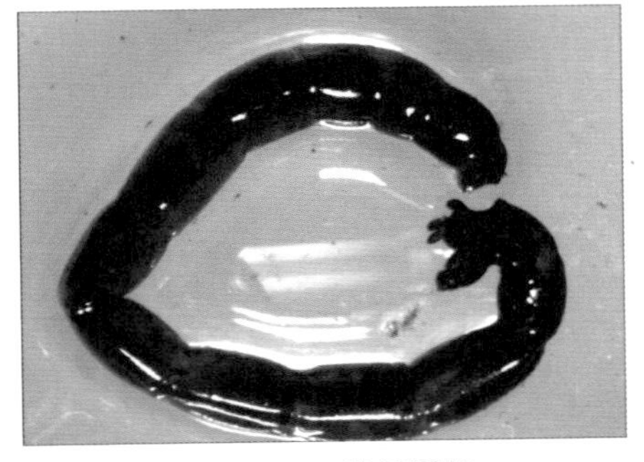
附图 6.5　半折摇蚊

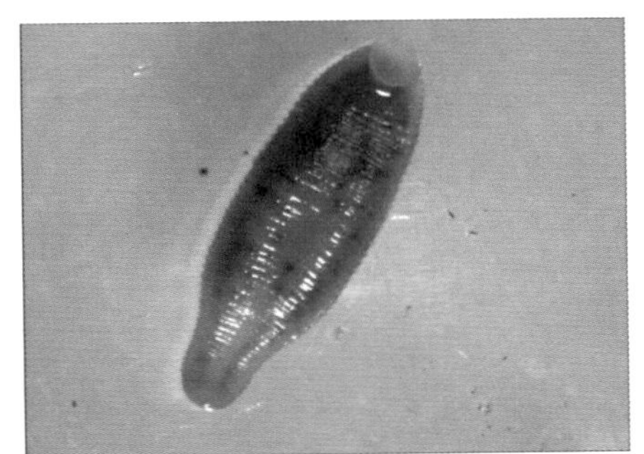
附图 6.6　扁舌蛭

附录 7　微型水生生物名录

浮游植物　Phytoplankton

蓝藻门	**Cyanophyta**
卷曲鱼腥藻	*Anabaena circinalis*
水华鱼腥藻	*Anabaena flosaquae*
类颤鱼腥藻	*Anabaena oscillarioides*
鱼腥藻属	*Anabaena* sp.
束丝藻属	*Aphanizomenon* sp.
细小隐球藻	*Aphanocapsa elachista*
节旋藻属	*Arthrospira* sp.
色球藻属	*Chroococcus* sp.
伊莎矛丝藻	*Cuspidothrix issatschenkoi*

续表

蓝藻门	**Cyanophyta**
拟柱孢属	*Cylindrospermopsis* sp.
拉氏拟柱孢藻	*Cylindrospermopsis raciborskii*
长孢藻属	*Dolichospermum* sp.
细鞘丝藻属	*Leptolyngbya* sp.
泽丝藻属	*Limnothrix* sp.
湖泊鞘丝藻	*Lyngbya limnetica*
鞘丝藻属	*Lyngbya* sp.
细小平裂藻	*Merismopedia minima*
点形平裂藻	*Merismopedia punctata*
铜绿微囊藻	*Microcystis aeruginosa*
水华微囊藻	*Microcystis flosaquae*
微囊藻属	*Microcystis* sp.
惠氏微囊藻	*Microcystis wesenbergii*
颤藻属	*Oscillatoria* sp.
席藻属	*Phormidium* sp.
浮丝藻属	*Planktothrix* sp.
假鱼腥藻属	*Pseudanabaena* sp.
弯形尖头藻	*Raphidiopsis curvata*
地中海尖头藻	*Raphidiopsis mediterranea*
中华小尖头藻	*Raphidiopsis sinensia*
尖头藻属	*Raphidiopsis* sp.
罗氏藻属	*Roperia* sp.
聚球藻属	*Synechococcus* sp.
金藻门	**Chrysophyta**
球色金藻	*Chromulina globosa*
圆筒形锥囊藻	*Dinobryon cylindricum*
分歧锥囊藻	*Dinobryon divergens*
密集锥囊藻	*Dinobryon sertularia*
锥囊藻属	*Dinobryon* sp.
金杯藻属	*Kephyrion* sp.
黄群藻属	*Synura* sp.

续表

黄藻门	Xanthophyta
黄管藻属	*Ophiocytium* sp.
黄丝藻属	*Tribonema* sp.
硅藻门	**Bacillariophyta**
曲壳藻属	*Achnanthes* sp.
美丽星杆藻	*Asterionella formosa*
扁圆卵形藻	*Cocconeis placentula*
星肋小环藻	*Cyclotella asterocostata*
链状小环藻	*Cyclotella catenata*
梅尼小环藻	*Cyclotella meneghiniana*
小环藻属 1(个体大)	*Cyclotella* sp. 1
小环藻属 2(个体小)	*Cyclotella* sp. 2
具星小环藻	*Cyclotella stelligera*
草鞋形波缘藻	*Cymatopleura solea*
膨胀桥弯藻	*Cymbella pusilla*
卵圆双壁藻	*Diploneis ovalis*
脆杆藻属	*Fragilaria* sp.
肋缝藻属	*Frustulia* sp.
缢缩异极藻头状变种	*Gomphonema constrictum var. capitata*
纤细异极藻	*Gomphonema gracile*
异极藻属	*Gomphonema* sp.
尖布纹藻	*Gyrosigma acuminatum*
颗粒直链藻	*Melosira granulata*
颗粒直链藻极狭变种	*Melosira granulata* var. *angustissima*
颗粒直链藻极狭变种螺旋变形	*Melosira granulata* var. *angustissima* f. *spiralis*
直链藻属	*Melosira* sp.
变异直链藻	*Melosira varians*
双头舟形藻	*Navicula dicephala*
放射舟形藻	*Navicula radiosa*
舟形藻属 1	*Navicula* sp. 1
舟形藻属 2	*Navicula* sp. 2
针形菱形藻	*Nitzschia acicularis*
菱形藻属 1(小)	*Nitzschia* sp. 1

续表

硅藻门	Bacillariophyta
菱形藻属 2(大)	*Nitzschia* sp. 2
羽纹藻属	*Pinnularia* sp.
窄双菱藻	*Surirella angustata*
线形双菱藻	*Surirella linearis*
尖针杆藻	*S ynedra acus*
针杆藻属	*Synedra* sp.
肘状针杆藻	*Synedra ulna*
隐藻门	**Cryptophyta**
具尾蓝隐藻	*Chrcomonas caudata*
蓝隐藻属	*Chroomonas* sp.
啮蚀隐藻	*Cryptomonas erosa*
卵形隐藻	*Cryptomonas ovata*
甲藻门	**Pyrrophyta**
角甲藻	*Ceratium hirundinella*
薄甲藻属	*Glenodinium* sp.
裸甲藻属	*Gymnodinium* sp.
多甲藻属	*Peridinium* sp.
裸藻门	**Euglenophyta**
梭形裸藻	*Euglena acus*
尖尾裸藻	*Euglena oxyuris*
裸藻属 1(大)	*Euglena* sp. 1
裸藻属 2(小)	*Euglena* sp. 2
绿色裸藻	*Euglena viridis*
鳞孔藻属	*Lepocinclis* sp.
尖尾扁裸藻	*Phacus acuminatus*
弯曲扁裸藻	*Phacus inflexus*
长尾扁裸藻	*Phacus longicauda*
扁裸藻属	*Phacus* sp.
扭曲扁裸藻	*Phacus tortus*
陀螺藻属	*Strombomonas* sp.
囊裸藻属 1(个体大)	*Trachelomonas* sp. 1
囊裸藻属 2(个体小)	*Trachelomonas* sp. 2

续表

绿藻门	***Chlorophyta***
集星藻属	*Actinastrum* sp.
针形纤维藻	*Ankistrodesmus acicularis*
卷曲纤维藻	*Ankistrodesmus convolutus*
镰形纤维藻	*Ankistrodesmus falcatus*
衣藻属	*Chlamydomonas* sp.
小球藻	*Chlorella vulgaris*
四刺顶棘藻	*Chodatella quadriseta*
尖新月藻变异变种	*Closterium acutum* var. *variabile*
微小新月藻狭变种	*Closteriumparvulum* var. *angustissima*
新月藻属	*Closterium* sp.
空星藻属	*Coelastrum* sp.
鼓藻属	*Cosmarium* sp.
顶锥十字藻	*Crucigenia apiculata*
四角十字藻	*Crucigenia quadrata*
十字藻属	*Crucigenia* sp.
四足十字藻	*Crucigenia tetrapedia*
空球藻	*Eudorina elegans*
扭曲蹄形藻	*Kirchneriella contorta*
肥壮蹄形藻	*Kirchneriella obesa*
微芒藻属	*Micractinium* sp.
微细转板藻	*Mougeotia parvula*
转板藻属	*Mougeotia* sp.
湖生卵囊藻	*Oocystis lacustris*
小卵囊藻	*Oocystis parva*
卵囊藻属	*Oocystis* sp.
实球藻	*Pandorina morum*
二角盘星藻	*Pediastrum duplex*
单角盘星藻	*Pediastrum simplex*
单角盘星藻具孔变种	*Pediastrum simplex* var. *duodenarium*
斯氏盘星藻	*Pediastrum sturmii*
四角盘星藻	*Pediastrum tetras*
肾形藻属	*Renalcis* sp.

续表

绿藻门	**Chlorophyta**
被甲栅藻	*Scenedesmus armatus*
被甲栅藻双尾变种	*Scenedesmus armatus* var. *bicaudatus*
双棘栅藻	*Scenedesmus bicaudatus*
双对栅藻	*Scenedesmus bijuga*
二形栅藻	*Scenedesmus dimorphus*
爪哇栅藻	*Scenedesmus javaensis*
隆顶栅藻	*Scenedesmus protuberans*
四尾栅藻	*Scenedesmus quadricauda*
栅藻属	*Scenedesmus* sp.
弓形藻属	*Schroederia* sp.
螺旋弓形藻	*Schroederia spiralis*
小形月牙藻	*Selenastrum minutum*
月牙藻属	*Selenastrum* sp.
角星鼓藻属	*Staurastrum* sp.
叉星鼓藻属	*Staurodesmus* sp.
具尾四角藻	*Tetraedron caudatum*
微小四角藻	*Tetraedron minimum*
三角四角藻	*Tetraedron trigonum*
四孢藻属	*Tetraspora* sp.
丛球韦斯藻	*Westella botryoides*

浮游动物　Zooplankton

原生动物	**Protozoa**
太阳虫	*Actinophrys sol*
普通表壳虫	*Arcella vulgaris*
卷虫属	*Bhawania* sp.
斜管虫属	*Chilodonella* sp.
小单环栉毛虫	*Didinium balbianii nanum*
尖顶砂壳虫	*Difflugia acuminata*
球形砂壳虫	*Difflugia globulosa*
湖沼砂壳虫	*Difflugia limnetica*
杯形砂壳虫	*Difflugia poculum*

续表

原生动物	**Protozoa**
瓶砂壳虫	*Difflugia urceolata*
浮游累枝虫	*Epistylis rotans*
粘游仆虫	*Euplotes muscicola*
前口虫属	*Frontonia* sp.
纤袋虫属	*Histiobalantium* sp.
天鹅长吻虫	*Lacrymaria olor*
淡水麻铃虫	*Leprotintinnus fluviatile*
薄片漫游虫	*Litonotus lamella*
胡梨壳虫	*Nebela barbata*
草履虫属	*Paramecium* sp.
巢居法帽虫	*Phryganella nidulus*
圆口虫属	*Pomatrum* sp.
卵圆前管虫	*Prorodon ovum*
刀口虫属	*Spathidium* sp.
侠盗虫属	*Strobilidium* sp.
急游虫	*Strombidium viride*
淡水筒壳虫	*Tintinnidium fluviatile*
杯形拟铃虫	*Tintinnopsis cratera*
江苏拟铃虫	*Tintinnopsis kiangsuensis*
长筒拟铃虫	*Tintinnopsis longus*
矮小拟铃虫	*Tintinnopsis nana*
卵圆拟铃虫	*Tintinnopsis ovalis*
中华拟铃虫	*Tintinnopsis sinensis*
王氏拟铃虫	*Tintinnopsis wangi*
钟形钟虫	*Vorticella campanula*
原生动物	**Protozoa**
裂痕龟纹轮虫	*Anuraeopsis fissa*
晶囊轮虫属	*Asplanchna* sp.
角突臂尾轮虫	*Brachionus angularis*
蒲达臂尾轮虫	*Brachionus budapestiensis*
萼花臂尾轮虫	*Brachionus calyciflorus*
裂足臂尾轮虫	*Brachionus diversicornis*

续表

轮虫	Rotifera
剪形臂尾轮虫	*Brachionus forficula*
长三肢轮虫	*Filinia longiseta*
迈氏三肢轮虫	*Filinia maior*
跃进三肢轮虫	*Filinia passa*
螺形龟甲轮虫	*Keratella cochlearis*
矩形龟甲轮虫	*Keratella quadrata*
曲腿龟甲轮虫	*Keratella valga*
蹄形腔轮虫	*Lecane ungulata*
尖角单趾轮虫	*Monostyla hamata*
月形单趾轮虫	*Monostyla lunaris*
爪趾单趾轮虫	*Monostyla unguitata*
奇异巨腕轮虫	*Pedalia mira*
针簇多肢轮虫	*Polyarthra trigla*
扁平泡轮虫	*Pompholyx complanata*
沟痕泡轮虫	*Pompholyx sulcata*
懒轮虫	*Rotaria tardigrada*
疣毛轮虫属	*Synchaeta* sp.
刺盖异尾轮虫	*Trichocerca capucina*
纵长异尾轮虫	*Trichocerca elongata*
细异尾轮虫	*Trichocerca gracilis*
暗小异尾轮虫	*Trichocerca pusilla*
等刺异尾轮虫	*Trichocerca similis*
枝角类	**Cladocera**
简弧象鼻溞	*Bosmina coregoni*
颈沟基合溞	*Bosminopsis deitersi*
卵形盘肠溞	*Chydorus ovalis*
僧帽溞	*Daphnia cucullata*
长肢秀体溞	*Diaphanosoma leuchtenbergianum*
微型裸腹溞	*Moina micrura*
桡足类	**Copepod**
广布中剑水蚤	*Mesocyclops leuckarti*
右突新镖水蚤	*Neodiaptomus schmackeri*
汤匙华哲水蚤	*Sinocalanus dorrii*

底栖大型无脊椎动物 Zoobenthos

摇蚊幼虫	**Chironomus larvae**
羽摇蚊	*Chironomusplumosus*
软铗小摇蚊	*Microchironomus tener*
花翅前突摇蚊	*Procladius choreus*
红裸须摇蚊	*Propsilocerus akamusi*
中国长足摇蚊	*Tanypus chinensis*
寡毛类	**Oligochaetes**
苏氏尾鳃蚓	*Branchiura sowerbyi*
颤蚓属	*Tubifex* sp.
霍甫水丝蚓	*Limnodrilus hoffmeisteri*
中华河蚓	*Rhyacodrilus sinicus*
扁舌蛭	*Glossiphonia complanata*
软体动物	**Mollusk**
梨形环棱螺	*Bellamya purrificata*
铜锈环棱螺	*Bellamya aeruginosa*
中华圆田螺	*Cipangopaludina cahayensis*
长角涵螺	*Alocinma longicornis*
其他	**Others**
日本沼虾	*Macrobrachium nipponense*
沙蚕	*Nereis succinea*

水生高等植物 Macrophyte

金鱼藻科	**Ceratophyllaceae**
金鱼藻	*Ceratophyllum demersum*
菱科	**Trapaceae**
欧菱	*Trapanatans*
莼菜科	**Cabombaceae**
水盾草	*Cabomba caroliniana*
小二仙草科	**Haloragidaceae**
穗状狐尾藻	*Myriophyllum spicatum*
龙胆科	**Gentianaceae**
荇菜	*Nymphoides peltata*

续表

眼子菜科	Potamogetonaceae
菹草	*Potamogeton crispus*
龙须眼子菜	*Potamogeton pectinatus*
水鳖科	**Hydrocharitaceae**
水鳖	*Hydrocharis dubia*
苦草	*Vallisneria natans*
黑藻	*Hydrilla verticillata*
禾本科	**Poaceae**
芦苇	*Phragmites australis*
菰	*Zizania latifolia*
稗	*Echinochloa crusgalli*
浮萍科	**Lemnaceae**
浮萍	*Lemna minor*
香蒲科	**Typhaceae**
狭叶香蒲	*Typha angustifolia*
苋科	**Amaranthaceae**
空心莲子草	*Alternanthera philoxeroides*
睡莲科	**Nymphaeaceae**
莲	*Nelumbo nucifera*
芡实	*Euryale ferox*
槐叶苹科	**Salviniaceae**
槐叶苹	*Salvinia natans*
满江红科	**Azollaceae**
满江红	*Azolla imbricata*
葫芦科	**Cucurbitaceae**
盒子草	*Actinostemma tenerum*
蓼科	**Polygonaceae**
水蓼	*Polygonum hydropiper*

鱼类 Fish

鳀科	**Engraulidae**
刀鲚	*Coilia ectenes*
银鱼科	**Salangidae**
大银鱼	*Protosalanx hyalocranius*
短吻间银鱼	*Hemisalanx brachyrostralis*
鳗鲡科	**Anguillidae**
日本鳗鲡	*Anguilla japonica*
鲤科	**Cyprinidae**
马口鱼	*Opsariichthys bidens*
青鱼	*Myloparyngodon piceus*
赤眼鳟	*Squaliobarbus curriculus*
草鱼	*Ctenopharyngodon idellus*
鳡	*Elopichthys bambusa*
鳊	*Parabramis pekinensis*
䱗	*Hemiculter leucisculus*
贝氏䱗	*Hemiculter bleekeri*
红鳍原鲌	*Cultrichthys erythropterus*
翘嘴红鲌	*Erythroculter ilishaeformis*
达氏鲌	*Culter dabryi*
蒙古鲌	*Culter mongolicus*
似鱎	*Toxabramois swinhonis*
银飘鱼	*Pseudolaubuca sinensis*
银鲴	*Xenocypris argentea*
似鳊	*Pseudobrama simoni*
鳙	*Aristichthys nobilis*
鲢	*Hypophthalmichthys molitrix*
花䱻	*Hemibarbus maculatus*
似刺鳊鮈	*Paracanthobrama guichenoti*
麦穗鱼	*Pseudorasbora parva*
黑鳍鳈	*Sarcocheilichthys nigripinnis*
棒花鱼	*Abbottina rivularis*
蛇鮈	*Saurogobio dabryi*
大鳍鱊	*Acheilognathus macropterus*

续表

鲤科	**Cyprinidae**
兴凯鱊	*Acheilognathus chankaensis*
中华鳑鲏	*Rhodeus sinensis*
高体鳑鲏	*Rhodeus ocellatus*
鲤	*Cyprinus carpio*
鲫	*Carassius auratus*
鳅科	**Cobitidae**
泥鳅	*Misgurnus anguillicaudatus*
花斑副沙鳅	*Parabotia fasciata*
鲇科	**Siluridae**
鲇	*Silurus asotus*
鮰科	**Ictaluridae**
斑点叉尾鮰	*Ictalurus Punetaus*
鲿科	**Bagridae**
黄颡鱼	*Pelteobagrus fulvidraco*
光泽黄颡鱼	*Pelteobagrus nitidus*
瓦氏黄颡鱼	*Pelteobagrus vachelli*
合鳃鱼科	**Synbranchidae**
黄鳝	*Monopterus albus*
鳜	*Siniperca chuatsi*
塘鳢科	**Eleotridae**
河川沙塘鳢	*Odontobutis potamophila*
鳢科	**Channidae**
乌鳢	*Channa argus*